网络应用运维教程

仇小锋　缪志敏　余晓晗　主　编
付印金　岳淑贞　赵洪华　副主编

清华大学出版社
北京

内 容 简 介

本书针对有网络初步基础的读者,以一个大型企业园区网的建设、运维与使用为案例背景,介绍互联网典型应用服务(DNS、DHCP、Web、FTP、电子邮件、数据库等)的基本概念、功能、结构、协议和工作流程,以及管理运维的方法和要素等,并设计了配套的实践实验内容。

本书适合作为高校计算机类专业及相关专业计算机网络、网络管理、网络应用运维等相关课程的教材,也可作为从事互联网开发、运维的工程技术人员的参考书。

图书在版编目(CIP)数据

网络应用运维教程/仇小锋,缪志敏,余晓晗主编. —北京:清华大学出版社,2021.8(2024.8重印)
ISBN 978-7-302-56807-0

Ⅰ.①网…　Ⅱ.①仇…②缪…③余…　Ⅲ.①计算机网络—教材　Ⅳ.①TP393

中国版本图书馆 CIP 数据核字(2020)第 217366 号

责任编辑:张瑞庆
封面设计:何凤霞
责任校对:焦丽丽
责任印制:杨　艳

出版发行:清华大学出版社
　　　　　网　　　址:https://www.tup.com.cn,https://www.wqxuetang.com
　　　　　地　　　址:北京清华大学学研大厦 A 座　　　　　　　邮　　编:100084
　　　　　社 总 机:010-83470000　　　　　　　　　　　　　邮　　购:010-62786544
　　　　　投稿与读者服务:010-62776969,c-service@tup.tsinghua.edu.cn
　　　　　质量反馈:010-62772015,zhiliang@tup.tsinghua.edu.cn
　　　　　课件下载:https://www.tup.com.cn,010-83470236
印 装 者:三河市龙大印装有限公司
经　　　销:全国新华书店
开　　　本:185mm×260mm　　　印　　张:13.25　　　字　　数:283 千字
版　　　次:2021 年 8 月第 1 版　　　印　　次:2024 年 8 月第 2 次印刷
定　　　价:39.90 元

产品编号:083443-01

前　言

　　从 2001 年毕业至今，在三尺讲台的岗位上工作了 20 年，讲授的课程包括"计算机网络原理"和"互联网应用与维护"等专业课程，这当中"互联网应用与维护"讲授的时间最长，从 2005 年便开始了，授课层次包括本科生、在职培训教师、学员和外训留学生等。

　　随着时代的发展和教学改革的推进，教学内容不断更新，课程名称也从"互联网应用与维护"演变成"网络应用与维护"以及现在的"网络应用运维"。但是，针对我们的教学目标和内容，一直没有找到适合的教材，上课主要靠课件、内部讲义和教师课堂上的讲授。这样的好处是，教师可以根据不同的学生层次，灵活地调整授课内容和难易程度；然而，不足也是显而易见的，没有一本"正规"出版的教材，容易给人一种"不成熟""不成体系"或"东拼西凑"的印象。于是，把我们的教学设计、教学内容和经验总结出来出版成相关的教材，是课程组高度统一的意见和目标。只是在制订了教材大纲，写了前面两章后，后续章节迟迟没有落笔。每年上课前和上课中，都暗自下决心，要尽早落实，不能再拖。但一旦课程结束，重心就从教学转到科研上，编写教材的优先级下降，直到"遗忘"。就这么重复了若干年，想起来一次就暗自"谴责"自己一次。直到一场突如其来的新冠病毒疫情来临，学校推迟开学，大家在自觉居家隔离的同时，有了很多思考、充电和补课的时间，于是在经历了充分的准备和连续奋战后，终于完成了本书的后续章节，也以此作为阶段性成果。

　　由于能力和水平有限，书中难免会有疏漏，还望读者不吝提出宝贵意见和建议，我们会在以后的版本中及时更正。读者可以通过邮箱 qiuxfeng@163.com 和我联系。部分内容参考了 Internet 上的资源，参考文献可以扫描书正文最后一页的二维码，如有遗漏，也请及时告知。

仇小锋

2021 年 2 月

目　录

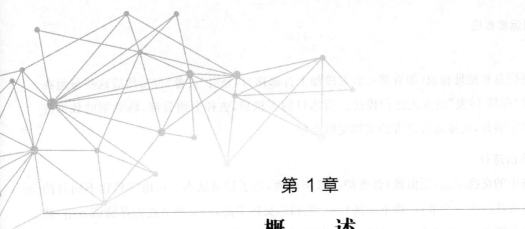

第 1 章

概　述

1.1　计算机网络概述

1.1.1　IP 地址和 MAC 地址

1. IP 地址

IP 地址在网络通信中用于标识网络接口。在 IPv4 中,其长度为 32 位,为了便于记忆和表示,IP 地址通常采用点分十进制来表示,例如 192.168.1.10。网络中的两台主机相互通信时,必须要明确双方的 IP 地址。

2. MAC 地址

MAC 地址用于标识网络适配器,即通常所说的网卡,有时也称为网卡地址、物理地址或硬件地址。MAC 地址的长度为 48 位,通常采用十六进制来表示,例如 00-1E-4F-D5-0D-DC。任何一块网卡地址都是唯一的。在同一个网络中的两台主机准备通信时,发送方需要根据接收方 IP 地址,利用 ARP 协议解析出接收方的 MAC 地址后,才能将信息发送至接收方。

1.1.2　分组转发和路由选择

1. 分组转发

计算机将要传送的数据按一定长度分割成若干个数据段,传输时,需要在每个数据段前加上控制信息和地址标识(即首部),数据段加上首部称为"分组"或者"包",然后这些分组在网络中以"存储-转发"的方式进行传送。到达目的主机后,去掉分组首部,将分割的数据按原先的顺序装好,还原成发送方的数据交给上层。

2. 路由选择

网络中的交换节点(路由器)会维护一张路由表,用于记录从本节点出发到达不同目的网络应该去往的下一个节点(即下一跳)。分组到达交换节点后,交换节点先存储该分组,然后解析出分组首部的"目的 IP 地址",并查找路由表,找到从本节点出发去往该目的 IP 地址的下一跳,最后将分组转发给下一跳。

1.1.3　服务和端口

1. 服务

一台主机可以提供很多服务,例如 Web 服务、FTP 服务、SMTP 服务等,这些服务完全可以通过一个 IP 地址来实现。那么,主机是怎么来区分不同的网络服务呢,显然不能只靠 IP 地址,因为 IP 地址与网络服务是一对多的关系。实际上,主机是通过"IP 地址+端口号"来区分不同服务的。

2. 端口

两台主机通信时,不仅必须知道对方的 IP 地址,还必须知道对方使用的端口号。端口号的长度为 16 位,因此一台主机允许有 65535 个不同的端口号。

在实际使用网络时,例如我们浏览某网站时,除了要知道对方的域名或 IP 地址外,并不需要指定网站的端口号,这是因为网站在提供 Web 服务时使用熟知端口 80。熟知端口是 IANA 组织为一些重要应用程序指派的端口号,并且让所有的用户都知道。例如,浏览器访问 Web 服务时会默认访问网站的 80 端口。

1.2　网络应用介绍

1.2.1　域名系统

域名系统(Domain Name System,DNS)是因特网(Internet)的一项核心服务,它作为可以将域名和 IP 地址相互映射的一个分布式数据库,能够使人们更方便地访问互联网,而不用去记住机器的 IP 地址。

DNS 是 Internet 上解决网络上机器命名的一种系统。就像拜访朋友要先知道别人家怎么走一样,Internet 上当一台主机要访问另外一台主机时,必须首先获知其地址,TCP/IP 中的 IP 地址是由 4 段以英文句点"."分开的数字组成的,记起来总是不如名字那么方便,所以就采用了域名系统来管理名字和 IP 地址的对应关系。

虽然 Internet 上的节点都可以用 IP 地址唯一标识,并且可以通过 IP 地址来访问,但即使是将 32 位的二进制 IP 地址写成 4 个 0~255 的十进制数形式,也依然太长、太难记。因此,人们又发明了域名(Domain Name),即采用一组有意义的字符,并将其关联到一个 IP 地址。用户访问一个网站的时候,既可以输入该网站的 IP 地址,也可以输入其域名,对访问而言,两者是等价的。例如,百度公司 Web 服务器的 IP 地址是 180.97.33.108,其对应的域名是 www.baidu.com,不管用户在浏览器中输入的是 180.97.33.108 还是 www.baidu.com,都可以访问百度公司 Web 网站。

1.2.2　动态主机配置协议

动态主机配置协议(Dynamic Host Configuration Protocol,DHCP)是一个局域网的网络协议,使用用户数据报协议(User Datagram Protocal,UDP)工作。DHCP 主要作用是集中地管理、分配 IP 地址,使网络环境中的主机动态地获得 IP 地址、Gateway 地址、DNS 服务器地址等信息,能够提高地址的使用率,简化客户主机网络配置复杂度。

1.2.3　万维网

万维网(World Wide Web,WWW)常称为环球网或 W3,简称 Web。

万维网是一种基于超文本和 HTTP 的、全球性的、动态交互的、跨平台的分布式图形信息系统,是建立在 Internet 上的一种网络服务,为浏览者在 Internet 上查找和浏览信息提供了图形化的、易于访问的直观界面。其中,文档及超级链接(简称超链接)将 Internet 上的信息节点组织成一个互为关联的网状结构。

1.2.4　文件传输协议

文件传输协议(File Transfer Protocol,FTP)作为网络共享文件的传输协议,在网络应用软件中具有广泛的应用。FTP 的目标是提高文件的共享性以及可靠高效地传送数据。

在 FTP 的使用中,经常遇到两个概念:下载(download)和上传(upload)。下载文件就是从远程主机中复制文件至自己的计算机上;上传文件就是将文件从自己的计算机中复制至远程主机上。用 Internet 语言来说,用户可通过客户端程序向(从)远程主机上传(下载)文件。

在传输文件时,FTP 客户端程序首先与服务器建立连接,然后向服务器发送命令。服务器收到命令后给予响应,并执行命令。FTP 与操作系统无关,任何操作系统上的程序只要符合 FTP,就可以相互传输数据。

1.2.5 电子邮件

电子邮件 E-mail 是一种用电子手段提供信息交换的通信方式,是互联网应用最广的服务。通过网络的电子邮件系统,用户能够以非常便捷(只需连上 Internet)、非常快速的方式(几秒内可以发送到 Internet 上任何指定的目的地),与 Internet 上任何一个角落的网络用户联系。

电子邮件可以是文字、图像、声音等多种形式。同时,用户可以得到大量免费的新闻、专题邮件,并轻松地实现信息搜索。电子邮件的存在极大地方便了人与人之间的沟通与交流,促进了社会的发展。

电子邮件系统由用户代理、邮件传输代理和邮件投递代理组成。用户代理用于收发邮件;邮件传输代理将来自用户代理的邮件转发给收件人的邮件服务器;邮件投递代理将来自邮件传输代理的邮件放置到收件人收件箱。

1.2.6 数据库系统

数据库系统(Database System,DBS)是为适应数据处理的需要而发展起来的一种较为理想的数据处理系统,也是一个为实际可运行的存储、维护和应用系统提供数据的软件系统,是存储介质、处理对象和管理系统的集合体。

数据库系统通常由软件、数据库和数据库管理员组成。其软件主要包括操作系统、各种宿主语言、实用程序以及数据库管理系统。数据库由数据库管理系统统一管理,数据的插入、修改和检索均要通过数据库管理系统进行。数据库管理员负责创建、监控和维护整个数据库,使数据能被任何有权使用的人有效使用。数据库管理员一般由业务水平较高、资历较深的人员担任。

1.2.7 流媒体

流媒体(Streaming Media)又称流式媒体,指的是在网络中使用流式传输技术的连续时基媒体,即在 Internet 上以数据流的方式实时发布音频、视频等多媒体内容的媒体。音频、视频、动画或者其他形式的多媒体文件都属于流媒体之列。流媒体是在流媒体技术支持下,连续的影像和声音信息经过压缩处理后放到网络服务器上,让浏览者边下载、边观看和收听,而不必等到整个多媒体文件下载完成就可以即时观看的多媒体文件。

可见,流媒体是一种边传边播的多媒体。流媒体的"流"指的是这种媒体的传输方式,而不是指媒体本身。

1.3　本书内容安排

本书针对有初步网络基础的读者,以一个大型企业园区网的建设、运维与使用为案例背景,采用虚拟化技术,提供网络应用服务的协议分析,以及安装、配置、运维管理与使用方面的讲解与实践。

本书的内容安排如下。

第 1 章　概述。简要介绍计算机网络原理的几个关键知识点;介绍网络中常用的应用系统;介绍本书的目标以及章节安排。

第 2 章　DNS 服务与应用。介绍域名系统(DNS)、域名结构、域名服务器等基本概念;介绍域名解析过程,描述 DNS 协议的标准、资源记录类型、报文格式,并进行协议分析;介绍常见的 DNS 服务器软件,DNS 服务的安装与运维,以及 nslookup、dig、host 等常用测试命令的用法;介绍 DNS 服务与应用的实践内容。

第 3 章　DHCP 服务与应用。介绍动态主机配置协议(DHCP)的历史、功能、地址分配方式、优缺点等基础知识;分析 DHCP 报文及格式、Options 的含义、交互过程等,并进行协议分析;介绍 DHCP 服务的安装与运维管理,以及使用方法;介绍 DHCP 服务与应用的实践内容。

第 4 章　Web 服务与应用。介绍万维网(WWW)、Web 起源、表现形式、特点等基础知识;讨论 Web 1.0、Web 2.0、Web 3.0 的发展与特性,以及它们的区别;介绍 HTTP 的模型和工作流程等;讨论 HTTP 版本的演变;分析 HTTP 格式,讨论 Cookie 和 HTTPS 等内容;简单介绍常用的 Web 服务器软件;介绍 Web 服务的安装、配置与运维管理;概述 Web 服务与应用的实践内容。

第 5 章　FTP 服务与应用。介绍文件传输协议 FTP 相关的基础知识;解释 FTP 端口、传输方式、工作模式,以及常用的 FTP 命令及响应码等;分析 FTP 的工作过程;简要介绍常用的 FTP 服务器软件;讨论 TFTP;介绍 FTP 服务的安装、运维管理、测试与使用等内容;概述了 FTP 服务与应用的实践内容。

第 6 章　电子邮件服务与应用。介绍电子邮件、邮件地址、邮件协议、用户代理、邮件服务器等基本概念,描述邮件的收发过程;分析 SMTP 的通信过程、命令和响应,以及 SMTP 的扩充;讨论 MX 记录的应用,以及邮件路由过程;分析 MIME 协议的改进措施、邮件头以及邮件体的结构和内容等;分析邮件接收协议 POP 3 的通信过程、命令和响应,以及常用命令等;分析 IMAP;简单介绍常用邮件服务器软件和邮件客户端软件;介绍邮件服务的安装、运维管理和测试使用;概述邮件服务与应用的实践内容。

第 7 章　数据库服务与应用。介绍数据库的基本结构、主要特点等基础知识;介绍常用数据库系统;讨论数据库管理系统的主要功能、组成及功能划分等;介绍结构化查询语言(SQL)的基本概念、功能,以及常用的 SQL 语句的语法、用法和示例;简单介绍常用的数据库管理工具 PL/SQL Developer 和 Navicat Premium;讨论数据库访问接口 ODBC 和 JDBC,以及它们的联系与区别;介绍数据库的安装、管理和使用;概述数据库服务与应用的实践内容。

第 8 章 流媒体服务与应用。介绍流媒体、流式传输、流媒体格式、流媒体播放方式等概念;介绍流媒体传输协议,包括 RSVP、RTP/RTCP、RTSP、RTMP 和 HLS 等;介绍主流流媒体技术以及流媒体系统组成等内容;介绍流媒体服务的管理、使用,以及流媒体服务实验内容。

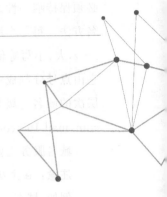

第 2 章

DNS 服务与应用

2.1 DNS 基本知识

2.1.1 DNS 是什么

DNS 是英文 Domain Name System 的缩写,中文意思即域名系统,用来将主机名转换为 IP 地址。事实上,除了进行主机名到 IP 地址的转换外,DNS 通常还提供主机名到以下几项的转换服务。

(1) 主机别名(Host Aliasing)。有着复杂规范主机名的主机可能有一个或多个别名,通常规范主机名比较复杂,而别名让人更容易记忆。应用程序可以调用 DNS 来获得主机别名对应的规范主机名,以及主机的 IP 地址。

(2) 邮件服务器别名(Mail Server Aliasing)。DNS 也能完成邮件服务器别名到其规范主机名以及 IP 地址的转换。

(3) 负载均衡(Load Distribution)。DNS 可用于在冗余的服务器之间进行负载均衡。一个繁忙的站点,如 abc.com,可能被冗余部署在多台具有不同 IP 地址的服务器上,这种情况下,在 DNS 数据库中,该主机名可能对应着一个 IP 地址集合。当应用程序调用 DNS 来获取该主机名对应的 IP 地址时,DNS 通过某种算法从该主机名对应的 IP 地址集合中挑选出某一 IP 地址进行响应。

2.1.2 域名结构

域名系统并不像电话号码通讯录那么简单。电话号码通讯录主要是单个个体在使用，同一个名字出现在不同个体的通讯录里并不会出现问题，但域名是群体中所有人都在用的，必须保持唯一性。为了达到域名唯一性的目的，Internet 在命名的时候采用了层次结构的命名方法。每一个域名(这里只讨论英文域名)都是一个标号序列(labels)，用字母(A～Z 和 a～z，大、小写等价)、数字(0～9) 和连接符(-)组成。标号序列总长度不能超过 255 个字符，它由点号分割成一个个的标号，每个标号应该在 63 个字符之内，每个标号都可以看成一个层次的域名。级别最低的域名写在左边，级别最高的域名写在右边。例如，www. baidu. com、mail.163.com、www.google.cn。

域名服务主要是基于 UDP 实现的，服务器的端口号为 53。

注意：在主从服务器之间的交互也采用 TCP 的 53 端口。

例如，域名 www.baidu.com，由英文句点(.)分成 3 个域名 www、baidu 和 com，其中 com 是顶级域名(Top-Level Domain，TLD)，baidu 是二级域名(Second Level Domain，SLD)，www 是三级域名。域名的层次结构如图 2-1 所示。

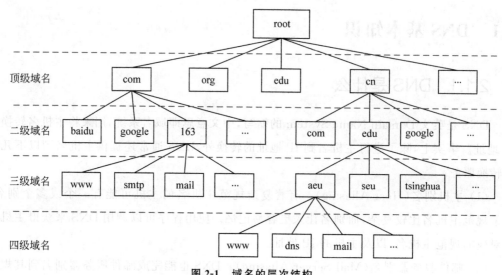

图 2-1 域名的层次结构

注意：最开始的域名最后都是带英文句点的，例如 www.baidu.com 在以前应该是 www.baidu.com.，最后面的英文句点表示根域名服务器，后来发现所有的网址都要加上最后的英文句点，于是简化了写法，把所有最后的英文句点都省略，但是如果在网址后面加上英文句点也是可以正常解析的。

2.1.3　域名服务器

仅有域名结构还不行,还需要一项技术去解析域名。例如,手机通讯录是由通讯录软件解析的,而域名需要由遍及全世界的域名服务器去解析。域名服务器实际上就是装有域名系统的主机。

1. 按层次分类的域名服务器

域名服务器由高向低进行层次划分,可分为以下几类。

1)根域名服务器

根域名服务器是最高层次的域名服务器,也是最重要的域名服务器,本地域名服务器如果解析不了域名就会向根域名服务器求助。全球共有 13 个不同 IP 地址的根域名服务器,它们的名称用一个英文字母命名,从 a 到 m。这些服务器由各种组织控制,并由 ICANN(互联网名称和数字地址分配公司)授权,由于每分钟都要解析的名称数量多得令人难以置信,所以实际上每个根服务器都有镜像服务器,每个根服务器与它的镜像服务器共享同一个 IP 地址,中国内地只有 6 组根服务器镜像(F、I(3 台)、J、L)。当客户对某个根服务器发出请求时,请求会被路由到该根服务器离客户最近的镜像服务器。所有的根域名服务器都知道所有的顶级域名服务器的域名和地址,如果向根服务器发出对 www.baidu.com 的请求,则根服务器不能在它的记录文件中找到与 www.baidu.com 匹配的记录。但是,它会找到 com 的顶级域名记录,并把负责 com 地址的顶级域名服务器的地址发回给请求者。

2)顶级域名服务器

顶级域名服务器负责管理在该顶级域名服务器下注册的二级域名。当根域名服务器告诉查询者顶级域名服务器地址时,查询者紧接着就会到顶级域名服务器进行查询。例如还是查询 www.baidu.com,根域名服务器已经告诉了查询者 com 顶级域名服务器的地址,com 顶级域名服务器会找到 www.baidu.com 的域名服务器的记录,域名服务器检查其区域文件,并发现它有与 www.baidu.com 相关联的区域文件。在此文件的内部,有该主机的记录,此记录说明此主机所在的 IP 地址,并向请求者返回最终答案。

3)权威域名服务器

权威域名服务器也称为权限域名服务器或者授权域名服务器。它负责一个区的域名解析工作。任何一个域名都归属唯一的一个权威域名服务器,例如 www.baidu.com 归属 baidu.com 域名服务器负责解析,baidu.com 域名服务器给出的结果是最权威的。其他域名服务器可以缓存 www.baidu.com 的域名记录,在缓存记录有效期内,其他域名服务器收到 www.baidu.com 的查询请求时,可以直接返回缓存的记录;但缓存失效后,仍然需要向 baidu.com 域名服务器发送查询请求,获取最新的权威结果。

4) 本地域名服务器

当一个主机发出 DNS 查询请求的时候,这个查询请求首先就是发给本地域名服务器的。人们经常在计算机上配置网络属性中的"首选 DNS 服务器"通常就是本地域名服务器。本地域名服务器一般由某公司、某大学或某居民区提供,例如 Google 公司提供的 DNS 服务器 8.8.8.8,再如常被人诟病的 114.114.114.114 等。

本地域名服务器可以是权威域名服务器,也可以不是权威域名服务器,其仅仅是为客户提供域名解析服务的服务器,即不具备管理域名的功能。在 Internet 中,这类服务器非常多,一般家用的宽带路由器都能提供域名解析服务,但它并不管理任何域名,也就是说它并不存在于域名空间树上。

根域名服务器、顶级域名服务器和权威域名服务器的层次关系如图 2-2 所示。

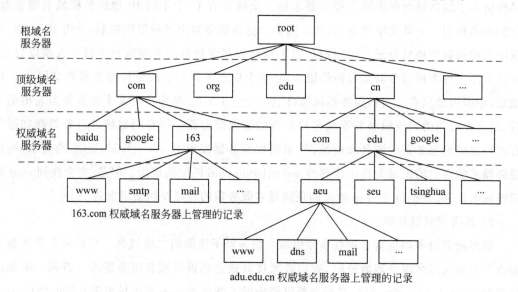

图 2-2 域名服务器层次关系

2. 按功能角色分类的域名服务器

除了上述按层次进行分类的方法以外,还存在另一种根据功能角色对域名服务器进行分类的方法。

1) 主域名服务器

主域名服务器上存放了特定域名的配置文件,文件中权威地记录了相关域名的映射关系或 IP 地址。主域名服务器知道它管辖范围内的所有主机和子域名的地址。

2) 辅助域名服务器

辅助域名服务器作为主域名服务器的备份,也承担一定负载。主域名服务器知道辅助域名服务器的存在,并且当域名数据发生变化时,会向辅助域名服务器推送更新。

3）缓存域名服务器

缓存域名服务器上不存放特定域名的配置文件，即不管理域名。当客户请求缓存服务器来解析域名时，该服务器将首先检查其本地缓存。如果找不到匹配项便会询问其他域名服务器。获得响应结果后，在返回给客户的同时，也会缓存下来。

可见，某个域名的权威域名服务器，可以采用主域名服务器或者主域名服务器＋辅助域名服务器的部署方式；而缓存域名服务器，与本地域名服务器类似，只提供解析服务，不管理域名。

2.2　域名解析过程

2.2.1　总体过程

域名解析总体可分为两大步骤，第一步是 DNS 客户向本地域名服务器发出一个 DNS 查询请求报文，报文里携带需要查询的域名；第二步是本地域名服务器向 DNS 客户返回一个 DNS 响应报文，里面包含查询域名对应的 IP 地址。例如，要查询 www.baidu.com，其 DNS 解析过程抓包分析如图 2-3 所示。

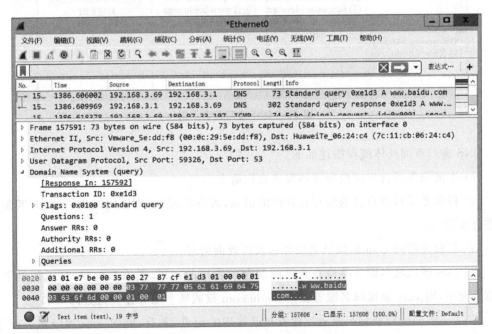

图 2-3　DNS 解析过程抓包分析

在第一步和第二步之间，本地域名服务器是如何获取域名的查询结果的呢？

（1）本地域名服务器首先查询自己的缓存，是否有匹配且未老化的记录。若有，则直接返回缓存的记录。

（2）若缓存没有匹配且未老化的记录，则查看自己授权管理的记录是否有查询域名的匹配项。若有，则返回权威结果。

（3）若授权管理的记录中也没有相应的匹配项，则需要借助其他域名服务器进行查询，以获得结果。

域名服务器借助其他域名服务器查询的方式有两种：递归和迭代。

2.2.2　递归查询

DNS 递归查询示例如图 2-4 所示。

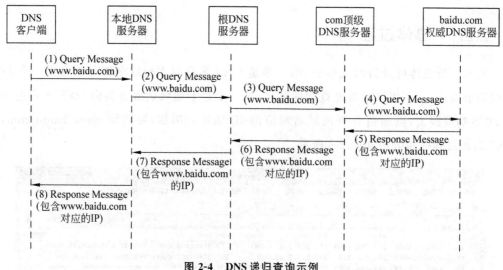

图 2-4　DNS 递归查询示例

DNS 递归查询具体流程描述如下。

（1）本地服务器首先向根服务器发送查询请求。

（2）根服务器检查自己的缓存和管理的记录，若有匹配项，则返回结果；若没有匹配项，则进行步骤（3）。

（3）根服务器向 com 顶级域名服务器发送查询请求。

（4）com 顶级域名服务器检查自己的缓存和管理的记录，若有匹配项，则返回结果；若没有匹配项，则.com 顶级域名服务器向 baidu.com 权威域名服务器发送查询请求。

（5）baidu.com 权威域名服务器检查自己管理的记录，若有，则向 com 顶级域名服务器返回结果记录；若没有，则返回查询失败。

（6）com 顶级域名服务器收到响应后，缓存并向根服务器返回。

（7）根服务器收到响应后，缓存并向本地域名服务器返回。

（8）本地域名服务器收到响应后，缓存并向 DNS 客户返回结果。

2.2.3　迭代查询

DNS 迭代查询示例如图 2-5 所示。

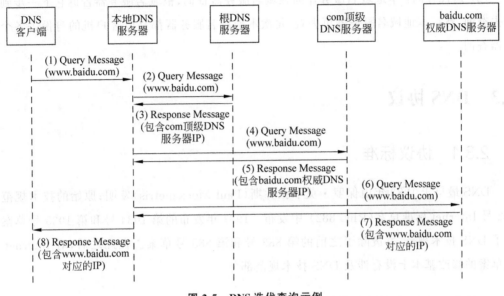

图 2-5　DNS 迭代查询示例

DNS 迭代查询具体流程描述如下。

（1）主机 192.168.3.69 先向本地域名服务器 192.168.3.1 进行递归查询。

（2）本地域名服务器采用迭代查询，向一个根域名服务器进行查询。

（3）根域名服务器告诉本地域名服务器，下一步查询的 com 顶级域名服务器的 IP 地址。

（4）本地域名服务器向 com 顶级域名服务器发送域名解析请求。

（5）com 顶级域名服务器告诉本地域名服务器，下一步查询的 baidu.com 权威域名服务器的 IP 地址。

（6）本地域名服务器向 baidu.com 权威域名服务器发送域名解析请求。

（7）baidu.com 权威域名服务器告诉本地域名服务器所查询的 www 主机的 IP 地址。

（8）本地域名服务器最后把查询结果告诉主机 192.168.3.69。

2.2.4　解析方式选择

目前，Internet 上域名解析大多采用如图 2-4 和图 2-5 所示的过程。用户在客户端网络属性中设置的首选域名服务器，即本地域名服务器，一般都是递归服务器，它负责全权处理客户端的 DNS 查询请求，直到返回最终结果；而其他 DNS 服务器（如根域、顶级域服务器等)一般都采用迭代查询方式。

（1）递归查询：客户向本地域名服务器发出一次查询请求，然后等待其返回最终的结果。如果本地域名服务器无法解析，它会以 DNS 客户的身份向其他域名服务器查询，直到得到最终的解析结果返回给客户。

（2）迭代查询：本地域名服务器向根域名服务器查询，根域名服务器告诉它下一步到哪里去查询，然后本地域名服务器再去查，每次本地域名服务器都是以客户机的身份去各个服务器查询。

2.3 DNS 协议

2.3.1 协议标准

DNS 最早于 1983 年由保罗·莫卡派乔斯（Paul Mockapetris）发明；原始的技术规范在 882 号 Internet 标准草案（RFC 882）中发布。1987 年发布的第 1034 号和第 1035 号草案修正了 DNS 技术规范，并废除了之前的第 882 号和第 883 号草案。在此之后，对 Internet 标准草案的修改基本上没有涉及 DNS 技术规范部分。

2.3.2 DNS 资源记录

DNS 实际上是由一个分层的 DNS 服务器实现的分布式数据库和一个让主机能够查询分布式数据库的应用层协议组成。其中，DNS 服务器中的分布式数据库存储的数据称为资源记录（Resource Record，RR），一条资源记录记载一个映射关系。每条资源记录通常包含如表 2-1 所示的一些信息。

表 2-1　资源记录内容

字　段	含　义
NAME	名字，指示拥有资源记录的 DNS 域名。该名称与资源记录所在的控制台树节点的名称相同
TYPE	类型，包含表示资源记录的种类
CLASS	类，包含表示资源记录的类别
TTL	生存时间，对于大多数资源记录，该字段是可选的。它指明其他 DNS 服务器可以缓存的时间长度
RDLENGTH	所占的字节数
RDATA	数据，包含用于描述资源的信息而且长度可变的必要字段。该信息的格式随资源记录的种类和类别而变化

TYPE 的取值与含义如表 2-2 所示。

表 2-2　TYPE 的取值与含义

TYPE	取值	含　　义
A	1	主机地址
NS	2	授权名称服务器
MD	3	邮件目的地(被废弃,使用 MX)
MF	4	邮件转发器(被废弃,使用 MX)
CNAME	5	别名的正则名称
SOA	6	标记区域权威的开始
MB	7	邮箱域名(试验)
MG	8	邮件组成员(试验)
MR	9	邮件重新命名域名(试验)
NULL	10	空 RR(试验)
WKS	11	众所周知的业务描述
PTR	12	域名指针
HINFO	13	主机信息
MINFO	14	邮箱或邮件列表信息
MX	15	邮件交换
TXT	16	文本字符串
SRV	33	服务与协议

CLASS 的取值与含义如表 2-3 所示。

表 2-3　CLASS 的取值与含义

CLASS	取值	含　　义
IN	1	Internet 类
CS	2	CSNET 类(被废弃,只在一些被废弃 RFC 中用于举例)
CH	3	CHAOS 类
HS	4	Hesiod [Dyer 87](很少使用)

NAME 和 RDATA 表示的含义根据 TYPE 的取值不同而不同,常见的含义如下。

1. 主机记录

主机记录简称 A 记录。若 TYPE=A,则 NAME 是主机名,VALUE 是其对应的 IP 地址。A 记录是用于名称解析的重要记录,它将特定的主机名映射到对应主机的 IP 地址上。

A 记录格式：

```
##A(address)：FQDN-->IPv4
mail.aeu.edu.cn. 600 IN A 192.168.220.57
```

A 记录除了描述域名和 IP 地址的对应关系外，还有负载平衡的作用。DNS 经常被用作一个低成本的负载平衡解决方案，主要就是依靠 A 记录来实现的。例如，有 4 个 Web 服务器共同负责 www.aeu.edu.cn 网站，地址分别为 192.168.220.11、192.168.220.12、192.168.220.13、192.168.220.14，那么可以创建如下 4 条主机记录。

```
www.aeu.edu.cn. 600 IN A 192.168.220.11
www.aeu.edu.cn. 600 IN A 192.168.220.12
www.aeu.edu.cn. 600 IN A 192.168.220.13
www.aeu.edu.cn. 600 IN A 192.168.220.14
```

用户通过域名访问该网站时，首先要利用 DNS 服务器把域名解析成 IP 地址。第一个客户查询时，DNS 服务器就优先返回第一个地址；第二个客户查询时，DNS 服务器就优先返回第二个地址。以此类推，DNS 使用了"轮询"的技术把不同的访问用户导向了 4 个不同的 Web 服务器，这样就达到了一个简易负载平衡的效果。

实验验证如图 2-6 所示。通过 aeu.edu.cn 的域名服务器查询得知，www.aeu.edu.cn 对应 4 个 IP 地址。第一次查询时，返回的第一个 IP 地址为 192.168.220.12；第二次查询时，返回的第一个 IP 地址为 192.168.220.11。

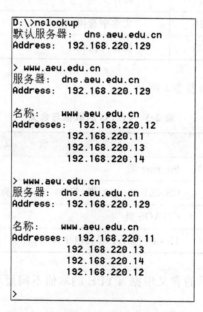

图 2-6 多次查询返回的地址顺序不同

随后执行 ping www.aeu.edu.cn 操作，如图 2-7 所示。第一次执行，www.aeu.edu.cn 对

应的 IP 为 192.168.220.13,再一次执行,域名对应的 IP 地址为 192.168.220.14。查看本地
DNS 缓存,如图 2-8 所示,可以看到 www.aeu.edu.cn 对应 4 条记录,地址分别为 192.168.
220.13、192.168.220.14、192.168.220.11、192.168.220.12。

```
D:\>ping www.aeu.edu.cn

正在 ping www.aeu.edu.cn [192.168.220.13] 具有 32 字节的数据:
来自 192.168.220.129 的回复: 无法访问目标主机。

192.168.220.13 的 ping 统计信息:
    数据包: 已发送 = 1, 已接收 = 1, 丢失 = 0 (0% 丢失),
Control-C
^C
D:\>ping www.aeu.edu.cn

正在 ping www.aeu.edu.cn [192.168.220.14] 具有 32 字节的数据:
Control-C
^C
D:\>
```

图 2-7　连续 ping www.aeu.edu.cn

```
D:\>ipconfig /displaydns

Windows IP 配置

    www.aeu.edu.cn
    ----------------------------------------
    记录名称 . . . . . . . : www.aeu.edu.cn
    记录类型 . . . . . . . : 1
    生存时间 . . . . . . . : 3131
    数据长度 . . . . . . . : 4
    部分 . . . . . . . . . : 答案
    A (主机)记录 . . . . : 192.168.220.13

    记录名称 . . . . . . . : www.aeu.edu.cn
    记录类型 . . . . . . . : 1
    生存时间 . . . . . . . : 3131
    数据长度 . . . . . . . : 4
    部分 . . . . . . . . . : 答案
    A (主机)记录 . . . . : 192.168.220.14

    记录名称 . . . . . . . : www.aeu.edu.cn
    记录类型 . . . . . . . : 1
    生存时间 . . . . . . . : 3131
    数据长度 . . . . . . . : 4
    部分 . . . . . . . . . : 答案
    A (主机)记录 . . . . : 192.168.220.11

    记录名称 . . . . . . . : www.aeu.edu.cn
    记录类型 . . . . . . . : 1
    生存时间 . . . . . . . : 3131
    数据长度 . . . . . . . : 4
    部分 . . . . . . . . . : 答案
    A (主机)记录 . . . . : 192.168.220.12
```

图 2-8　本地 DNS 缓存

再来看一个 Internet 的实例,尝试通过 ns5.a.shifen.com 这个名字服务器查询 www.a.
shifen.com,如图 2-9 所示。第一次查询,依次返回两个地址:180.101.49.12 和 180.101.49.11;
第二次查询,依次返回两个地址:180.101.49.11 和 180.101.49.12。可见,返回的地址相同,

```
> server ns5.a.shifen.com
Default server: ns5.a.shifen.com
Address: 180.76.76.95#53
> www.a.shifen.com
Server:        ns5.a.shifen.com
Address:       180.76.76.95#53

Name:   www.a.shifen.com
Address: 180.101.49.12
Name:   www.a.shifen.com
Address: 180.101.49.11
> www.a.shifen.com
Server:        ns5.a.shifen.com
Address:       180.76.76.95#53

Name:   www.a.shifen.com
Address: 180.101.49.11
Name:   www.a.shifen.com
Address: 180.101.49.12
```

图 2-9　连续查询 www.a.shifen.com

但顺序不同,这样就达到了负载平衡的效果。

2. 名称服务器记录

名称服务器简称 NS 记录。若 TYPE＝NS,则 NAME 是一个域,VALUE 是一个权威 DNS 服务器的主机名。该记录表示 NAME 域的域名解析将由 VALUE 主机名对应的 DNS 服务器来完成。

NS 记录和 SOA 记录是任何一个 DNS 区域都不可或缺的两条记录,NS 记录用于说明 这个区域有哪些 DNS 服务器负责解析,SOA 记录说明负责解析的 DNS 服务器中哪一个是 主服务器。因此,任何一个 DNS 区域都不可能缺少这两条记录。

NS 记录格式:

```
##NS(Name Server): ZONE NAME -->FQDN
aeu.edu.cn. 600 IN NS ns1.aeu.edu.cn.
aeu.edu.cn. 600 IN NS ns2.aeu.edu.cn.
ns1.aeu.edu.cn. 600 IN A 192.168.220.129
ns2.aeu.edu.cn. 600 IN A 192.168.220.130
##NS 记录除了 NS 记录本身,还应该包含 NS 对应 A 记录
```

3. 起始授权机构记录

起始授权机构记录简称 SOA 记录,负责说明哪个 DNS 服务器是主服务器,以及主服务 器和辅助服务器之间的一些关联参数。

SOA 记录格式:

```
ZONE NAME TTL IN SOA FQDN ADMINISTRATOR_MAILBOX (
serial number
```

```
refresh
retry
expire
na ttl)
##时间单位：M(分钟)、H(小时)、D(天)、W(周)，默认单位是秒
##邮箱格式：admin@aeu.edu.cn -写为-> admin.aeu.edu.cn
@ IN SOA ns1.aeu.edu.cn. admin.aeu.edu.cn. (
2018050301 ; serial
15M; refresh
10M; retry
1D; expire
1H); minimum
IN NS ns1.aeu.edu.cn.
```

序列号反映 DNS 服务器数据变化的次数，DNS 服务器的数据每更新一次，序列号就加大一位。这个参数是给辅助服务器使用的，因为辅助服务器的数据都是从主服务器复制而来的。那么辅助服务器怎么判断主服务器的数据有没有进行更新呢？辅助服务器只要简单地检查主服务器的序列号就会明确，如果主服务器的序列号比辅助服务器的序列号大，那么辅助服务器就应该去主服务器进行增量更新了。

主服务器这个参数的重要性不言而喻，用于指定哪个服务器作为该域的主服务器。

SOA 记录中的负责人参数为 admin.aeu.edu.cn.，看起来像一个主机的完全合格域名，其实意思是 admin@aeu.edu.cn，是一个邮箱地址。那么为什么负责人这个参数不直接写成 admin@aeu.edu.cn 呢？因为@符号在 DNS 中有特殊的含义，@在 DNS 中代表当前区域，也就是代表 aeu.edu.cn.，因此被迫把邮件地址写成完全合格域名的格式。

刷新间隔指的是辅助服务器每隔 15 分钟联系一下主服务器，查看主服务器有无数据更新。重试间隔 10 分钟指的是，如果辅助服务器和主服务器失去了联系，那么辅助服务器每隔 10 分钟就联系一下主服务器，在此期间由辅助服务器负责当前区域的域名解析。过期时间一天指的是，如果辅助服务器过了一天还没有联系上主服务器，辅助服务器就会认为主服务器永远不会再回来了，自己的数据也没有保存的意义了，因此会宣布数据过期，并拒绝为用户继续提供解析服务。TTL 一个小时指的是记录在 DNS 缓存中的生存时间为一个小时。

4. 别名记录

别名记录简称 CNAME 记录。若 TYPE＝CNAME，则 VALUE 是别名为 NAME 的主机对应的规范主机名。CNAME 记录用于将某个别名指向到某个 A 记录上，这样就不需要再为某个新名字另外创建一条新的 A 记录。

CNAME 记录格式：

```
##CNAME(Canonical NAME): FQDN-->FQDN
smtp.aeu.edu.cn. IN CNAME mail.aeu.edu.cn.
```

5. 邮件交换记录

邮件交换记录简称 MX 记录。若 TYPE＝MX，则 VALUE 是别名为 NAME 的邮件服务器的规范主机名。MX 记录用于电子邮件服务器发送邮件时根据收信人的邮件地址后缀来定位接收邮件服务器。

MX 记录格式：

```
##MX(Mail eXchanger): ZONE NAME -->FQDN
ZONE NAME TTL IN MX pri VALUE
##优先级为 0~99,数字越小则级别越高,例如:
aeu.edu.cn. 600 IN MX 10 mail.aeu.edu.cn.
mail.aeu.edu.cn. 600 IN A 192.168.220.3
```

如果区域有多个 MX 记录，而且优先级不同，那么其他邮件服务器查询该区域邮件服务器时，会优先选择优先级最高的邮件服务器。优先级数值越小则表示优先级越高，最高优先级数值为 0。

6. IPv6 主机记录

IPv6 主机记录简称 AAAA 记录。与 A 记录对应，AAAA 记录用于将特定的主机名映射到一个主机的 IPv6 地址。

7. 指针记录

指针记录简称 PTR 记录，用于将一个 IP 地址映射到对应的域名，也可以看成是 A 记录的反向，即 IP 地址的反向解析。

2.3.3 协议报文格式

DNS 协议报文组成如图 2-10 所示。DNS 请求与响应报文的格式是一致的，由 Header、Question、Answer、Authority、Additional 共 5 部分组成。

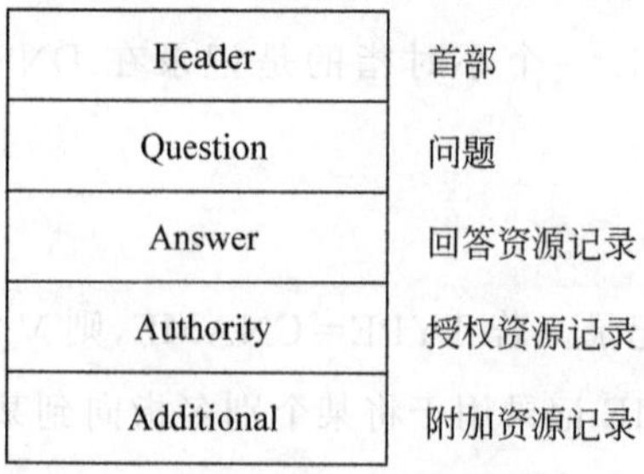

Header	首部
Question	问题
Answer	回答资源记录
Authority	授权资源记录
Additional	附加资源记录

图 2-10　DNS 协议报文组成

DNS 协议较为详细的报文格式如图 2-11 所示。

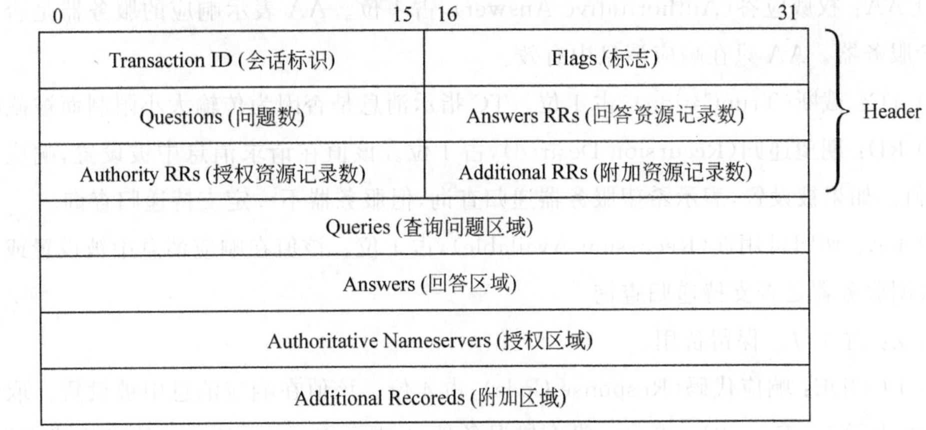

图 2-11　DNS 协议较为详细的报文格式

1. Header 部分

DNS 报文的 Header 部分是必须有的,长度固定为 12 字节;其余 4 部分可以有,也可以没有,并且长度也不固定,这点在 Header 部分中有所说明。DNS 报文的 Header 部分如图 2-12 所示。

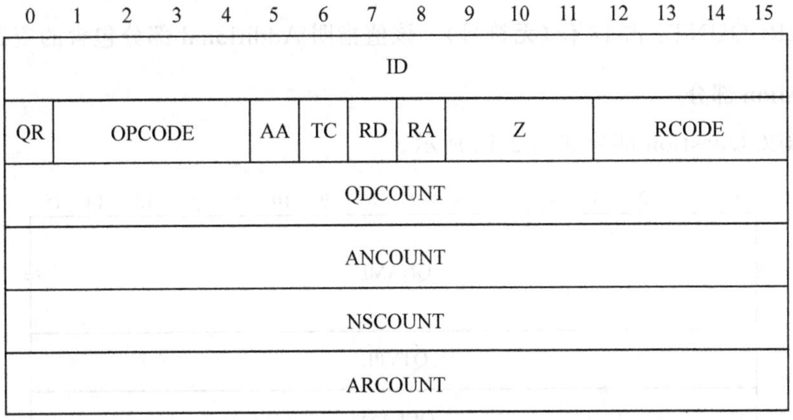

图 2-12　DNS 报文的 Header 部分

下面说明 Header 部分各个字段的含义。

(1) ID:会话标识,占 16 位。该值由发出 DNS 请求的程序生成,DNS 服务器在响应时会使用该 ID,这样便于请求程序区分不同的 DNS 响应。

(2) QR:占 1 位。QR 指示该消息是请求还是响应。其中,0 表示请求;1 表示响应。

(3) OPCODE:占 4 位。OPCODE 指示请求的类型,由请求发起者设定,响应消息中复用该值。其中,0 表示标准查询;1 表示反转查询;2 表示服务器状态查询;3~15 目前保留,以备将来使用。

（4）AA：权威应答（Authoritative Answer），占 1 位。AA 表示响应的服务器是否是权威 DNS 服务器。AA 只在响应消息中有效。

（5）TC：截断（TrunCation），占 1 位。TC 指示消息是否因为传输大小限制而被截断。

（6）RD：期望递归（Recursion Desired），占 1 位。该值在请求消息中被设置，响应消息复用该值。如果被设置，表示希望服务器递归查询，但服务器不一定支持递归查询。

（7）RA：递归可用性（Recursion Available），占 1 位。该值在响应消息中被设置或被清除，以表明服务器是否支持递归查询。

（8）Z：占 3 位。保留备用。

（9）RCODE：响应代码（Response Code），占 4 位。该值在响应消息中被设置。取值及含义为：0 表示 No Error Condition，没有错误条件；1 表示 Format Error，请求格式有误，服务器无法解析请求；2 表示 Server Failure，服务器出错；3 表示 Name Error，只在权威 DNS 服务器的响应中有意义，表示请求中的域名不存在；4 表示 Not Implemented，服务器不支持该请求类型；5 表示 Refused，服务器拒绝执行请求操作；6～15 保留备用。

（10）QDCOUNT：占 16 位（无符号）。该值指明 Question 部分包含的实体数量。

（11）ANCOUNT：占 16 位（无符号）。该值指明 Answer 部分包含的资源记录数量。

（12）NSCOUNT：占 16 位（无符号）。该值指明 Authority 部分包含的资源记录数量。

（13）ARCOUNT：占 16 位（无符号）。该值指明 Additional 部分包含的资源记录数量。

2. Question 部分

DNS 报文 Question 部分如图 2-13 所示。

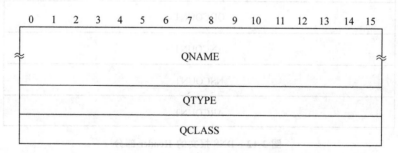

图 2-13　DNS 报文 Question 部分

DNS 报文 Question 部分的每一个实体如下。

（1）QNAME：查询名，字节数不定，以 0x00 作为结束符。QNAME 表示查询的主机名。注意，主机名被点号分割成了多段标签。在 QNAME 中，每段标签前面加一个数字，表示接下来标签的长度。例如，mail.aeu.edu.cn 表示成 QNAME 时，会在 mail 前面加上一个字节 0x04，aeu 前面加上一个字节 0x03，edu 前面加上一个字节 0x03，而 cn 前面加上一个字节 0x02。

（2）QTYPE：查询类型，占 2 字节。查询类型是 RR 类型的一个超集，所有类型都是可用的查询类型。DNS 报文常见的查询类型如表 2-4 所示。

表 2-4 DNS 报文常见的查询类型

类型	助记符	说　　明	类型	助记符	说　　明
1	A	由域名获得 IPv4 地址	13	HINFO	主机信息
2	NS	查询域名服务器	15	MX	邮件交换
5	CNAME	查询规范名称	28	AAAA	由域名获得 IPv6 地址
6	SOA	开始授权	252	AXFR	传送整个区的请求
11	WKS	熟知服务	255	ANY	对所有记录的请求
12	PTR	把 IP 地址转换成域名			

（3）QCLASS：查询类，占 2 字节。QCLASS 是类的一个超集，表示查询的 RR 类别，见前面资源记录的介绍，例如 IN 代表 Internet。

3. Answer、Authority、Additional 部分

DNS 报文 Answer、Authority、Additional 部分格式一致，每部分都由若干实体组成，每个实体即为一条资源记录，格式如图 2-14 所示。

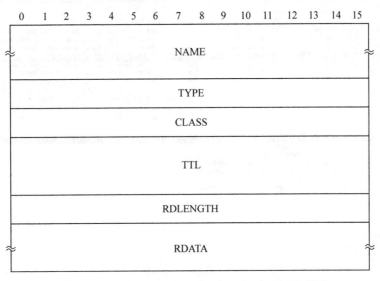

图 2-14 DNS 报文 Answer、Authority 和 Additional 部分

（1）NAME：长度不定，可能是真正的数据，也有可能是指针（其值表示的是真正的数据在整个数据中的字节索引数），还有可能是二者的混合（以指针结尾）。若是真正的数据，会

以 0x00 结尾;若是指针,指针占 2 字节,第一个字节的高 2 位为 11。

（2）TYPE：占 2 字节。TYPE 表示 RR 的类型,如 A、CNAME、NS 等,指出 RDATA 数据的含义。

（3）CLASS：占 2 字节。CLASS 表示 RR 的类,如 IN。

（4）TTL：占 4 字节,无符号整数。TTL 表示 RR 的生命周期,即 RR 的缓存时长,单位是秒。其中,0 代表只能被传输,但是不能被缓存。

（5）RDLENGTH：占 2 字节,无符号整数。RDLENGTH 指定 RDATA 字段的字节数。

（6）RDATA：不定长字符串,即之前介绍的 VALUE,含义与 TYPE 和 CLASS 有关。例如,TYPE 是 A,CLASS 是 IN,那么 RDATA 就是一个 4 字节的 ARPA 网络地址。

下面首先用 Wireshark 抓取 DNS 包,验证上面的 DNS 协议的格式,也便于之后的实现。Wireshark 的用法,可以参考线上资源的相关内容。先打开监听,添加过滤条件,然后用 nslookup 命令发送一个 DNS 包。例如,如下尝试查询 www.baidu.com 的 IP 地址。

```
nslookup www.baidu.com
```

然后,可以在 Wireshark 中看到如图 2-15 所示的请求抓取的数据包。

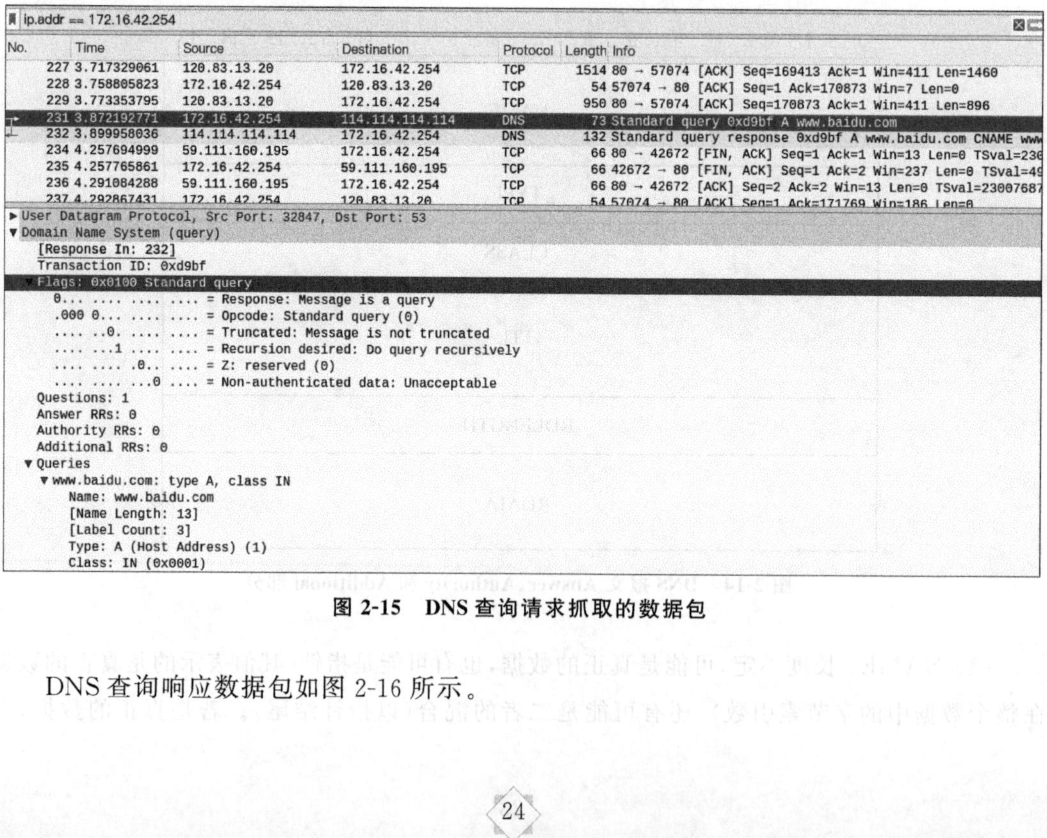

图 2-15　DNS 查询请求抓取的数据包

DNS 查询响应数据包如图 2-16 所示。

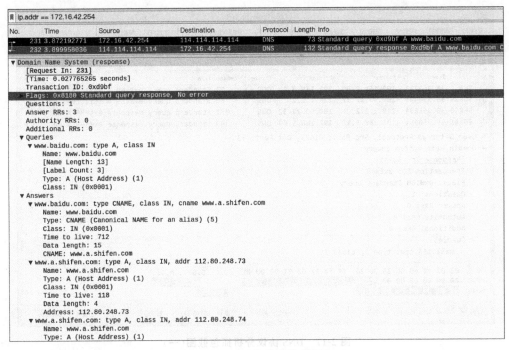

图 2-16　DNS 查询响应数据包

2.3.4　协议端口

DNS 默认使用 TCP 53 和 UDP 53 端口。TCP 53 端口一般用于区域传送,而其他情况下使用 UDP 53 端口。

UDP 传输的消息严格要求限制在 512 字节内(不包括 IP 和 UDP 头)。长报文被截断,同时置报文头的 TC 标志位。

UDP 不能用于区域传输,主要用在标准的域名查询。报文通过 UDP 可能会丢失,所以需要具有重传机制,请求和应答可能在网络中或者服务器处理的时候被重新排序,所以解析客户端不能依赖请求的发送顺序。

2.3.5　协议分析

通过 Wireshark 工具抓包进行分析。环境如下。

客户机的 IP 地址为 192.168.3.69,DNS/网关地址为 192.168.3.1。

客户机执行 ping mail.163.com 命令,在网关上进行抓包,DNS 协议分析抓包截图分别如图 2-17 至图 2-21 所示。

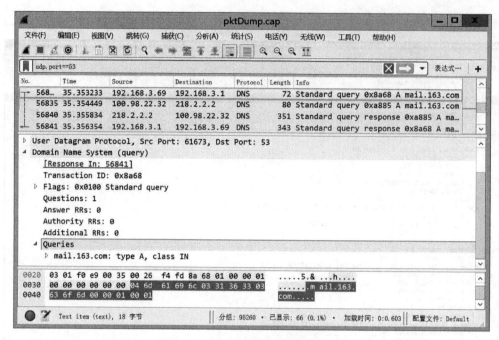

图 2-17　DNS 协议分析抓包截图（一）

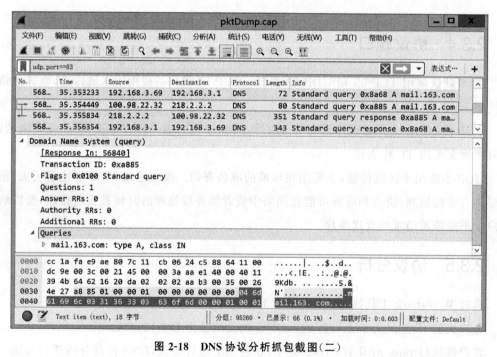

图 2-18　DNS 协议分析抓包截图（二）

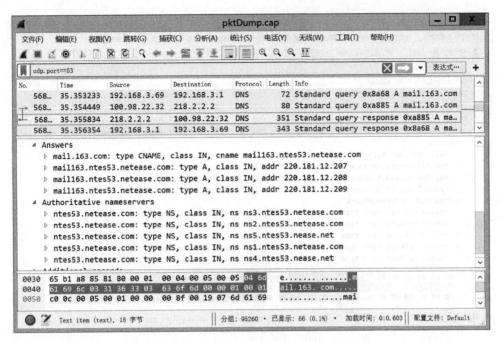

图 2-19　DNS 协议分析抓包截图（三）

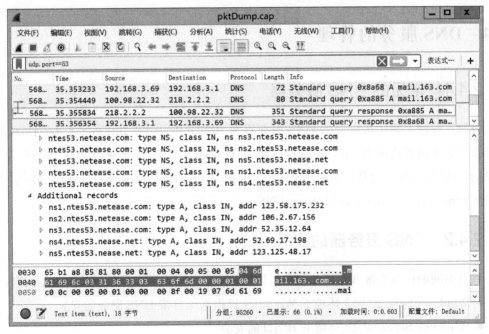

图 2-20　DNS 协议分析抓包截图（四）

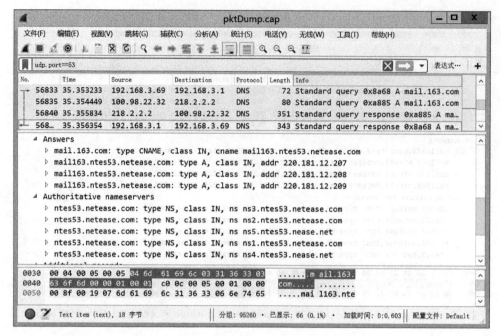

图 2-21　DNS 协议分析抓包截图(五)

2.4　DNS 服务的管理

2.4.1　常见的 DNS 服务器

目前互联网上使用最广泛的 DNS 服务器为 BIND(Berkeley Internet Name Domain);由于很多企业内部使用 Windows AD 域,因此 Windows DNS 在企业内部应用较多。其他常见的 NDS 服务器还包括:DJBDNS (Dan J Bernstein's DNS implementation)、MaraDNS、NSD (Name Server Daemon)和 PowerDNS。

2.4.2　DNS 服务器的安装

针对不同的操作系统和不同的服务器软件,本书中 DNS 服务器的安装主要是面向:

- Windows Server 2012 环境下 Windows 操作系统自带 DNS 服务的安装。
- Windows Server 2012 环境下 BIND 的安装。
- CentOS 7 环境下 BIND 的安装。

具体安装步骤详见与本书配套的《网络应用运维实验》。

2.4.3　DNS 服务器的运维

本节内容涉及不同服务器的操作,具体步骤详见《网络应用运维实验》。

1. 基础内容

DNS 服务器的运维的基础内容包括:

- 正向解析区域。
- 主机记录管理。
- 别名记录管理。
- SOA 和 NS 配置。
- 配置根服务器配置。
- 反向解析区域。
- DNS 转发配置。
- 域名服务器级联。

2. 进阶内容

DNS 服务器的运维的进阶内容包括:

- 主从复制。
- BIND 应用 ACL。
- BIND 智能 DNS。

2.5　DNS 服务的测试

2.5.1　ping 命令

最简单的 DNS 测试,可以通过 ping 命令完成。

```
##ping FQDN
ping www.baidu.com
```

如果 ping 后面的参数是域名,终端会首先通过本地域名服务器把域名解析成 IP 地址。如图 2-22 所示,返回的解析结果是 www.a.shifen.com[180.101.49.11]。

ping 命令只能查询 A 记录和 CNAME(别名)记录,以及返回域名是否存在,没有其他信息。

```
D:\>ping www.baidu.com

正在 ping www.a.shifen.com [180.101.49.11] 具有 32 字节的数据:
来自 180.101.49.11 的回复: 字节=32 时间=5ms TTL=54
来自 180.101.49.11 的回复: 字节=32 时间=6ms TTL=54
来自 180.101.49.11 的回复: 字节=32 时间=6ms TTL=54
来自 180.101.49.11 的回复: 字节=32 时间=6ms TTL=54

180.101.49.11 的 ping 统计信息:
    数据包: 已发送 = 4, 已接收 = 4, 丢失 = 0 (0% 丢失),
往返行程的估计时间(以毫秒为单位):
    最短 = 5ms, 最长 = 6ms, 平均 = 5ms
```

图 2-22　通过 ping 命令解析域名

2.5.2　nslookup 命令

最常用的 DNS 测试命令是 nslookup。nslookup 是一个监测网络中 DNS 服务器是否能正确实现域名解析的命令行工具。nslookup 可以用来诊断域名系统的基础结构信息,可以指定查询的类型,可以查到 DNS 记录的生存时间,还可以指定使用哪个 DNS 服务器进行解析,该命令在安装 TCP/IP 后方可使用。

1. 查询 IP 地址

nslookup 可以方便地查询到域名对应的 IP 地址,包括 A 记录和 CNAME 记录。如果查到的是 CNAME 记录,还会返回别名记录的设置情况。具体用法如下。

```
##nslookup FQDN
nslookup www.baidu.com
```

返回结果如图 2-23 所示。可见 www.baidu.com 是 www.a.shifen.com 的别名,而 www.a.shifen.com 对应的主机记录有两项,地址分别是 180.101.49.11 和 180.101.49.12。

```
D:\>nslookup www.baidu.com
服务器:    dns.aeu.edu.cn
Address:   192.168.220.129

非权威应答:
名称:      www.a.shifen.com
Addresses: 180.101.49.12
           180.101.49.11
Aliases:   www.baidu.com
```

图 2-23　nslookup 查询域名

如果查询的域名不存在,则会提示类似 Non-existent domain 的信息,如图 2-24 所示。

```
D:\>nslookup www.qiuxiaofeng.cn
服务器:  dns.aeu.edu.cn
Address:  192.168.220.129

*** dns.aeu.edu.cn 找不到 www.qiuxiaofeng.cn: Non-existent domain
```

图 2-24　查询的域名不存在

2. 查询其他类型的域名记录

在域名服务器中,通常还配置了其他类型的记录,例如 MX 邮件服务器记录。要查看解析是否正常,此时用 ping 命令就不行了。例如,邮件服务器能发送邮件,却收不到其他域发来的邮件,判断是不是域名解析的问题,如果用 ping 命令检查就不能反映实际情况,此时需要用 nslookup 命令查询。

用 nslookup 命令查询 MX 记录,示例如下。

```
##nslookup -qt=类型 FQDN        #注意 qt 必须是小写
nslookup -qt=MX 163.com          #邮件交换器记录
```

查询结果如图 2-25 所示。

```
D:\>nslookup -qt=mx 163.com
服务器:  dns.aeu.edu.cn
Address:  192.168.220.129

非权威应答:
163.com MX preference = 10, mail exchanger = 163mx02.mxmail.netease.com
163.com MX preference = 10, mail exchanger = 163mx01.mxmail.netease.com
163.com MX preference = 50, mail exchanger = 163mx00.mxmail.netease.com
163.com MX preference = 10, mail exchanger = 163mx03.mxmail.netease.com

163mx03.mxmail.netease.com        internet address = 220.181.14.163
163mx03.mxmail.netease.com        internet address = 220.181.14.158
163mx03.mxmail.netease.com        internet address = 220.181.14.161
163mx03.mxmail.netease.com        internet address = 220.181.14.162
163mx03.mxmail.netease.com        internet address = 220.181.14.156
163mx03.mxmail.netease.com        internet address = 220.181.14.157
163mx03.mxmail.netease.com        internet address = 220.181.14.160
163mx03.mxmail.netease.com        internet address = 220.181.14.164
163mx03.mxmail.netease.com        internet address = 220.181.14.159
```

图 2-25　nslookup 查询 MX 记录

用 nslookup 命令查询 A 记录,示例如下。

```
nslookup -qt=A mail.163.com        #A 地址记录(IPv4)
```

查询结果如图 2-26 所示。

用 nslookup 命令查询 AAAA 记录,示例如下。

```
nslookup -qt=AAAA www.tsinghua.edu.cn        #AAAA 地址记录(IPv6)
```

查询结果如图 2-27 所示。

```
D:\>nslookup -qt=a  mail.163.com
服务器:  dns.aeu.edu.cn
Address:  192.168.220.129

非权威应答:
名称:     ntes53.mail.163.com
Addresses:  220.181.12.208
            220.181.12.209
            220.181.12.207
Aliases:  mail.163.com
```

图 2-26 nslookup 查询 A 记录

```
D:\>nslookup -qt=aaaa www.tsinghua.edu.cn
服务器:  dns.aeu.edu.cn
Address:  192.168.220.129

非权威应答:
名称:     www.tsinghua.edu.cn
Address:  2402:f000:1:404:166:111:4:100
```

图 2-27 nslookup 查询 AAAA 记录

用 nslookup 命令查询 CNAME 记录,示例如下。

```
nslookup -qt=CNAME www.baidu.com          #CNAME 别名记录
```

查询结果如图 2-28 所示。

```
D:\>nslookup -qt=cname www.baidu.com
服务器:  dns.aeu.edu.cn
Address:  192.168.220.129

非权威应答:
www.baidu.com     canonical name = www.a.shifen.com
```

图 2-28 nslookup 查询 CNAME 记录

用 nslookup 命令查询 NS 记录,示例如下。

```
nslookup -qt=ns baidu.com          #名字服务器记录(NS)
```

查询结果如图 2-29 所示。

```
D:\>nslookup -qt=ns baidu.com
服务器:  dns.aeu.edu.cn
Address:  192.168.220.129

非权威应答:
baidu.com         nameserver = ns2.baidu.com
baidu.com         nameserver = ns3.baidu.com
baidu.com         nameserver = ns4.baidu.com
baidu.com         nameserver = ns1.baidu.com
baidu.com         nameserver = ns7.baidu.com

ns2.baidu.com     internet address = 220.181.33.31
ns3.baidu.com     internet address = 112.80.248.64
ns4.baidu.com     internet address = 14.215.178.80
ns1.baidu.com     internet address = 202.108.22.220
ns7.baidu.com     internet address = 180.76.76.92
```

图 2-29 nslookup 查询 NS 记录

用 nslookup 命令查询 SOA 记录,示例如下。

```
nslookup -qt=soa baidu.com          #起始授权机构记录(SOA)
```

查询结果如图 2-30 所示。

```
D:\>nslookup -qt=soa baidu.com
服务器:  dns.aeu.edu.cn
Address:  192.168.220.129

非权威应答:
baidu.com
        primary name server = dns.baidu.com
        responsible mail addr = sa.baidu.com
        serial  = 2012142595
        refresh = 300 (5 mins)
        retry   = 300 (5 mins)
        expire  = 2592000 (30 days)
        default TTL = 7200 (2 hours)

dns.baidu.com    internet address = 202.108.22.220
```

图 2-30　nslookup 查询 SOA 记录

用 nslookup 命令查询 PTR 记录,示例如下。

```
nslookup -qt=PTR 220.181.12.207          #反向解析记录(PTR)
```

查询结果如图 2-31 所示。

```
D:\>nslookup -qt=ptr 220.181.12.207
服务器:  dns.aeu.edu.cn
Address:  192.168.220.129

非权威应答:
207.12.181.220.in-addr.arpa     name = m12-207.163.com
```

图 2-31　nslookup 查询 PTR 记录

3. 指定解析的 DNS 服务器

在默认情况下,nslookup 使用的是本机 TCP/IP 配置中的 DNS 服务器进行查询,但有时可能需要指定一个特定的服务器进行查询。这时不需要更改本机的 TCP/IP 配置,只要在命令后面加上指定的服务器 IP 或域名即可。这个参数对一台指定服务器排错是非常必要的,另外,可以通过指定服务器直接查询权威服务器的结果,以避免其他服务器缓存的结果。

nslookup 命令指定解析的 DNS 服务器格式:

```
##nslookup [-qt= =类型] 目标域名指定的 DNS 服务器 IP 或域名
```

首先,通过如下命令获取 tsinghua.edu.cn 的名字服务器。

```
nslookup -qt=ns tsinghua.edu.cn
```

如图 2-32 所示,其中一个名字服务器为 dns.tsinghua.edu.cn,其 IP 地址为 166.111.8.30。

```
D:\>nslookup -qt=ns tsinghua.edu.cn
服务器:  dns.aeu.edu.cn
Address:  192.168.220.129

非权威应答:
tsinghua.edu.cn nameserver = dns2.edu.cn
tsinghua.edu.cn nameserver = dns2.tsinghua.edu.cn
tsinghua.edu.cn nameserver = ns2.cuhk.hk
tsinghua.edu.cn nameserver = dns.tsinghua.edu.cn

dns2.edu.cn         internet address = 202.112.0.13
dns2.edu.cn         AAAA IPv6 address = 2001:da8:1:100::13
dns2.tsinghua.edu.cn      internet address = 166.111.8.31
dns.tsinghua.edu.cn       internet address = 166.111.8.30
```

图 2-32　获取名字服务器

接着执行下面的命令,通过该域名服务器查询 www.tsinghua.edu.cn 的地址。

```
nslookup -qt=a www.tsinghua.edu.cn dns.tsinghua.edu.cn
```

查询结果如图 2-33 所示。

```
D:\>nslookup -qt=a www.tsinghua.edu.cn dns.tsinghua.edu.cn
服务器:  dns.tsinghua.edu.cn
Address:  166.111.8.30

名称:    www.tsinghua.edu.cn
Address:  166.111.4.100

D:\>nslookup -qt=a www.tsinghua.edu.cn 166.111.8.30
服务器:  dns.tsinghua.edu.cn
Address:  166.111.8.30

名称:    www.tsinghua.edu.cn
Address:  166.111.4.100
```

图 2-33　nslookup 指定服务器查询

这个命令直接从 tsinghua.edu.cn 的名字服务器上查询 www.tsinghua.edu.cn 的记录。我们知道,所有 *.tsinghua.edu.cn 的记录都存放在 tsinghua.edu.cn 的名字服务器上,这里是最权威的解释,所以结果里没有"非授权应答"的提示。

4. 检查域名的缓存时间

前面提到,每个域名服务器都会缓存查询到的记录,那么每条记录能缓存多长时间呢?可以通过 nslookup 携带参数 -d 进行查询。

nslookup 命令查询域名的缓存时间格式:

```
nslookup -d [其他的参数] 目标域名 [指定的服务器地址]
```

```
nslookup -d www.tsinghua.edu.cn
```

查询结果如图 2-34 所示。忽略其他的部分，只看 Got answer 下面几行，在"ANSWERS："中包括了 ttl 数值（单位是秒），这个数值就是域名记录的生存时间。

```
D:\>nslookup -d www.tsinghua.edu.cn
------------
Got answer:
    HEADER:
        opcode = QUERY, id = 1, rcode = NOERROR
        header flags:  response, auth. answer, want recursion, recursion avail.
        questions = 1,  answers = 1,  authority records = 0,  additional = 0

    QUESTIONS:
        129.220.168.192.in-addr.arpa, type = PTR, class = IN
    ANSWERS:
    ->  129.220.168.192.in-addr.arpa
        name = dns.aeu.edu.cn
        ttl = 3600 (1 hour)

------------
服务器:  dns.aeu.edu.cn
Address:  192.168.220.129

------------
Got answer:
    HEADER:
        opcode = QUERY, id = 2, rcode = NOERROR
        header flags:  response, want recursion, recursion avail.
        questions = 1,  answers = 1,  authority records = 0,  additional = 0

    QUESTIONS:
        www.tsinghua.edu.cn, type = A, class = IN
    ANSWERS:
    ->  www.tsinghua.edu.cn
        internet address = 166.111.4.100
        ttl = 21600 (6 hours)

------------
非权威应答:
------------
Got answer:
    HEADER:
        opcode = QUERY, id = 3, rcode = NOERROR
        header flags:  response, want recursion, recursion avail.
        questions = 1,  answers = 1,  authority records = 0,  additional = 0

    QUESTIONS:
        www.tsinghua.edu.cn, type = AAAA, class = IN
    ANSWERS:
    ->  www.tsinghua.edu.cn
        AAAA IPv6 address = 2402:f000:1:404:166:111:4:100
        ttl = 21600 (6 hours)

------------
名称:    www.tsinghua.edu.cn
Addresses:  2402:f000:1:404:166:111:4:100
            166.111.4.100
```

图 2-34　查询缓存时间

这个查询结果将整个 DNS 数据包的所有部分都呈现出来了，可以看到 DNS 实际上并非想象中的那么简单。

2.5.3　dig 命令

dig（domain information groper，域信息查询工具）命令是一个用于询问 DNS 域名服务器的灵活的工具。它执行 DNS 查询,显示从受请求的域名服务器返回的答复。因为灵活性好、易用、输出清晰,所以多数 DNS 管理员利用 dig 命令作为 DNS 问题的故障诊断。虽然通常情况下 dig 使用命令行参数,但它也可以按批处理模式从文件读取查询请求。不同于早期版本,dig 命令的 BIND9 实现允许从命令行发出多个查询。除非被告知请求特定域名服务器,dig 命令将尝试本地域名服务器。当未指定任何命令行参数或选项时,dig 命令将对根 "."执行 NS 查询。

dig 命令格式:

```
dig [@server] [-b address] [-c class] [-f filename] [-k filename] [ -n ] [-p port#]
[-t type] [-x addr] [-y name:key] [name] [type] [class] [queryopt...]
```

1. dig 命令标志

下面介绍 dig 命令常用的标志。

-b address:设置所要询问地址的源 IP 地址。这必须是主机网络接口上的某一个合法的地址。

-c class:默认查询类(IN for Internet)由选项-c 重设。class 可以是任何合法类,比如是查询 Hesiod 记录的 HS 类或者是查询 CHAOSNET 记录的 CH 类。

-f filename:使 dig 命令在批处理模式下运行,通过从文件 filename 读取一系列搜索请求加以处理。文件包含许多查询,每行一个。文件中的每一项都应该以和使用命令行接口对 dig 查询相同的方法来组织。

-h:当使用选项-h 时,显示一个简短的命令行参数和选项摘要。

-k filename:要签署由 dig 发送的 DNS 查询以及对它们使用事务签名(TSIG)的响应,用选项-k 指定 TSIG 密钥文件。

-n:在缺省情况下,使用 IP6.ARPA 域和 RFC 2874 定义的二进制标号搜索 IPv6 地址。为了使用更早的、使用 IP6.INT 域和 nibble 标签的 RFC 1886 方法,指定选项-n(nibble)。

-p port#:如果需要查询一个非标准的端口号,则使用选项-p。port# 是 dig 将发送其查询的端口号,而不是标准的 DNS 端口号 53。该选项可用于测试已在非标准端口号上配置成侦听查询的域名服务器。

-t type:设置查询类型为 type。可以是 BIND9 支持的任意有效查询类型。默认查询类型是 A,除非提供-x 选项来指示一个逆向查询。通过指定 AXFR 的 type 可以请求一个区域传输。当需要增量区域传输(IXFR)时,type 设置为 ixfr=N。增量区域传输将包含从区域的 SOA 记录中的序列号改为 N 之后对区域所做的更改。

-x addr:逆向查询(将地址映射到名称)可以通过-x 选项加以简化。addr 是一个以小数点为界的 IPv4 地址或冒号为界的 IPv6 地址。当使用这个选项时,无须提供 name、class 和 type 参数。dig 自动运行类似 11.12.13.10.in-addr.arpa 的域名查询,并且设置查询类型和类分别为 PTR 和 IN。

-y name:key：可以通过-y 选项指定 TSIG 密钥;name 是 TSIG 密码的名称,key 是实际的密码。密码是 64 位加密字符串,通常由 dnssec-keygen(8)生成。当在多用户系统上使用选项-y 时应该谨慎,因为密码在 ps(1)的输出或者 shell 的历史文件中可能是可见的。当同时使用 dig 和 TSCG 认证时,被查询的名称服务器需要知道密码和解码规则。在 BIND 中,通过提供正确的密码和 named.conf 中的服务器声明实现。

2. dig 命令查询选项

dig 命令提供查询选项号,影响搜索方式和结果显示。一些查询选项在查询请求报头设置,或者复位标志位,一些查询选项决定显示哪些回复信息,其他查询选项确定超时和重试策略。每个查询选项被带前缀(+)的关键字标识。一些关键字设置或复位一个选项。通常前缀是求反关键字含义的字符串 no。其他关键字分配各选项的值,如超时时间间隔。其格式形如+keyword=value。下面介绍 dig 命令常用的查询选项。

+[no]tcp：查询域名服务器时使用[不使用]TCP。默认行为是使用 UDP,除非是 AXFR 或 IXFR 请求,才使用 TCP 连接。

+[no]vc：查询名称服务器时使用[不使用]vc。+[no]vc 的备用语法提供了向下兼容。vc 代表虚电路。

+[no]ignore：忽略 UDP 响应的中断,而不是用 TCP 重试。默认运行 TCP 重试。

+domain=somename：设定包含单个域 somename 的搜索列表,好像被/etc/resolv.conf 中的域伪指令指定,并且启用搜索列表处理,好像给定了+search 选项。

+[no]search：使用[不使用]搜索列表或 resolv.conf 中的域伪指令(如果有的话)定义的搜索列表。默认情况下不使用搜索列表。

+[no]defname：不建议看作+[no]search 的同义词。

+[no]aaonly：该选项不做任何事。它用来提供对设置成未实现解析器标志的 dig 的旧版本的兼容性。

+[no]adflag：在查询中设置[不设置]AD(真实数据)位。目前 AD 位只在响应中有标准含义,而在查询中没有,但是出于完整性考虑在查询中这种性能可以设置。

+[no]cdflag：在查询中设置[不设置]CD(检查禁用)位。它请求服务器不运行响应信息的 DNSSEC 合法性。

+[no]recursive：切换查询中的 RD(要求递归)位设置。在默认情况下设置 RD 位。也就是说,dig 正常情形下发送递归查询。当使用查询选项+nssearch 或+trace 时,递归自动禁用。

+[no]nssearch：这个选项被设置时,dig 试图寻找包含待搜名称的网段的权威域名服务器,并显示网段中每台域名服务器的 SOA 记录。

+[no]trace：切换为待查询名称从根名称服务器开始的代理路径跟踪。默认情况下不使用跟踪。一旦启用跟踪,dig 使用迭代查询解析待查询名称。它将按照从根服务器的参照,显示来自每台使用解析查询的服务器的应答。

+[no]cmd：设定在输出中显示指出 dig 版本及其所用的查询选项的初始注释。默认情况下显示注释。

+[no]short：提供简要答复。默认值是以冗长格式显示答复信息。

+[no]identify：当启用＋short 选项时,显示[不显示]提供应答的 IP 地址和端口号。如果请求简短格式应答,默认不显示提供应答的服务器的源地址和端口号。

+[no]comments：切换输出中的注释行显示。默认值是显示注释行。

+[no]stats：该查询选项设定显示统计信息,查询进行时应答的大小等。默认显示查询统计信息。

+[no]qr：显示[不显示]发送的查询请求。默认不显示发送的查询请求。

+[no]question：当返回应答时,显示[不显示]查询请求的问题部分。默认作为注释显示问题部分。

+[no]answer：显示[不显示]应答的回答部分。默认显示应答的回答部分。

+[no]authority：显示[不显示]应答的权限部分。默认显示应答的权限部分。

+[no]additional：显示[不显示]应答的附加部分。默认显示应答的附加部分。

+[no]all：设置或清除所有显示标志。

+time＝T：为查询设置超时时间为 T 秒。默认是 5s。如果将 T 设置为小于 1 的数,则以 1s 作为查询超时时间。

+tries＝A：设置向服务器发送 UDP 查询请求的重试次数为 A,代替默认的 3 次。如果把 A 设置为小于或等于 0,则采用 1 为重试次数。

+ndots＝D：出于完全考虑,设置必须出现在名称 D 的点数。如果没有 ndots 语句,默认值是使用在/etc/resolv.conf 中的 ndots 语句定义的值,或者是 1。带更少点数的名称被解释为相对名称,并通过搜索列表中的域或者文件/etc/resolv.conf 中的域伪指令进行搜索。

+bufsize＝B：设置使用 EDNS0 的 UDP 消息缓冲区大小为 B 字节。缓冲区的最大值和最小值分别为 65 535 和 0,超出这个范围的值自动舍入到最近的有效值。

+[no]multiline：以详细的多行格式显示类似 SOA 的记录,并附带可读注释。默认值是每单个行上显示一条记录,以便于计算机解析 dig 命令的输出。

3. dig 命令实例

(1) dig 默认查询

dig 命令的默认查询格式：

```
#dig FQDN
```

dig mail.163.com

返回结果如图 2-35 所示。其中,第一段信息是查询参数和统计;第二段信息是查询内容(QUESTION SECTION),结果表示查询域名 mail.163.com 的主机记录(A 记录);第三段信息是 DNS 服务器的答复(ANSWER SECTION),结果显示 mail.163.com 是一个别名记录,对应 ntes53.mail.163.com,而该名字有 3 条主机记录,地址分别是 220.181.12.207、220.181.12.208、220.181.12.209;第四段信息是 DNS 服务的一些传输信息,结果表示本地的 DNS 服务器是 218.2.135.1,查询端口是 53,以及应答长度是 99B。

```
D:\ISC BIND 9\bin>dig mail.163.com

; <<>> DiG 9.16.3 <<>> mail.163.com
;; global options: +cmd
;; Got answer:
;; ->>HEADER<<- opcode: QUERY, status: NOERROR, id: 33806
;; flags: qr rd ra; QUERY: 1, ANSWER: 4, AUTHORITY: 0, ADDITIONAL: 0

;; QUESTION SECTION:
;mail.163.com.                  IN      A

;; ANSWER SECTION:
mail.163.com.          418      IN      CNAME    ntes53.mail.163.com.
ntes53.mail.163.com.   372      IN      A        220.181.12.209
ntes53.mail.163.com.   372      IN      A        220.181.12.208
ntes53.mail.163.com.   372      IN      A        220.181.12.207

;; Query time: 4 msec
;; SERVER: 218.2.135.1#53(218.2.135.1)
;; WHEN: Sat May 30 13:09:27 中国标准时间 2020
;; MSG SIZE  rcvd: 99
```

图 2-35　dig 查询示例

(2) dig+trace 查询

dig 命令的+trace 选项可以显示 DNS 的整个分级查询过程。

dig+trace 查询格式:

```
#dig+trace FQDN
dig+trace www.google.cn
```

返回的查询结果包含 4 个部分,其中第一段信息如图 2-36 所示,列出了根域名"."的所有 NS 记录,即所有的根域名服务器,这些根域名服务器是内置在本地域名服务器(218.2.135.1)中的。

DNS 服务器向所有这些根域名服务器 IP 地址发出查询请求,询问 www.google.cn 的顶级域名服务器 cn.的 NS 记录。最先回复的根域名服务器将被缓存,以后只向这台服务器发出请求。

第二段信息如图 2-37 所示。结果显示最新回复的根域名服务器是 e.root-servers.net (192.203.230.10),内容包含.cn 域名的 9 条 NS 记录,同时返回的还有每一条记录对应的 IP

```
D:\ISC BIND 9\bin>dig +trace www.google.cn

; <<>> DiG 9.16.3 <<>> +trace www.google.cn
;; global options: +cmd
.                    703    IN    NS    a.root-servers.net.
.                    703    IN    NS    b.root-servers.net.
.                    703    IN    NS    c.root-servers.net.
.                    703    IN    NS    d.root-servers.net.
.                    703    IN    NS    e.root-servers.net.
.                    703    IN    NS    f.root-servers.net.
.                    703    IN    NS    g.root-servers.net.
.                    703    IN    NS    h.root-servers.net.
.                    703    IN    NS    i.root-servers.net.
.                    703    IN    NS    j.root-servers.net.
.                    703    IN    NS    k.root-servers.net.
.                    703    IN    NS    l.root-servers.net.
.                    703    IN    NS    m.root-servers.net.
;; Received 228 bytes from 218.2.135.1#53(218.2.135.1) in 3 ms
```

图 2-36　dig＋trace 查询示例(一)

地址。

　　然后,DNS 服务器向这些顶级域名服务器发出查询请求,询问 www.google.cn 的二级域名 google.cn 的 NS 记录。

```
cn.           172800    IN    NS    a.dns.cn.
cn.           172800    IN    NS    b.dns.cn.
cn.           172800    IN    NS    c.dns.cn.
cn.           172800    IN    NS    d.dns.cn.
cn.           172800    IN    NS    e.dns.cn.
cn.           172800    IN    NS    f.dns.cn.
cn.           172800    IN    NS    g.dns.cn.
cn.           172800    IN    NS    ns.cernet.net.
cn.           86400     IN    DS    57724 8 2 5D0423633EB24A499BE78A
A22D1C0C9BA36218FF49FD95A4CDF1A4AD 97C67044
cn.           86400     IN    RRSIG DS 8 1 86400 20200611170000 2020
0529160000 48903 . QO/MRP4s5f2/5vXNym8uZ8Bj29Eaf2JtasD9XhBp/jMM8hgG6x5bnsxU 0JZq
KhnKUIMkqekefMdCuaxK1TEP/4Rgr0XUpRO9jv/3TMp3EkW9cixM yu7Uea5Ko2vkRdHJqVYsYngJp9T
xbXmqXaUjbl4EwhCYADvoTo0bKRUh /6Wej3U1XQc1lqt3HItyX5+T+IedY+BxexG13gNBgI8bg05rHS
KY+oNB S4gh16PDhdiTCfuhF1ncKpsU1ZXWQxdd6iSFhK66kFYRM24DorNbsCog nwWt7K+krzogfszh
PvkAmcZzDJvD6BGbYOx3sHkCmRrY+LrlJejA7pwL X50/1A==
;; Received 704 bytes from 192.203.230.10#53(e.root-servers.net) in 253 ms
```

图 2-37　dig＋trace 查询示例(二)

　　第三段信息如图 2-38 所示。结果显示最先返回的.cn 顶级域名服务器是 b.dns.cn(203.119.26.1)。内容包含 google.cn 的 4 条 NS 记录,同时返回的还有每一条记录对应的 IP 地址。

　　然后,DNS 服务器向上面这 4 台 NS 服务器查询 www.google.cn 的主机记录。

　　第四段信息如图 2-39 所示。结果显示最先返回的 google.cn 名字服务器是 ns1.google.com(216.239.32.10)。内容包含 4 条 www.google.cn 的 A 记录,地址分别是 203.208.41.47、203.208.41.63、203.208.41.55、203.208.41.56。根据前面介绍的负载平衡策略,服务器每次返回的 A 记录顺序不一定相同。

```
google.cn.                86400    IN       NS        ns1.google.com.
google.cn.                86400    IN       NS        ns4.google.com.
google.cn.                86400    IN       NS        ns3.google.com.
google.cn.                86400    IN       NS        ns2.google.com.
3QDAQA092EE5BELP64A74EBNB8J53D7E.cn. 21600 IN NSEC3 1 1 10 AEF123AB 3QLMP0QRNQ96
G5AFG0PNB7U7IJ4MBP4B NS SOA RRSIG DNSKEY NSEC3PARAM
3QDAQA092EE5BELP64A74EBNB8J53D7E.cn. 21600 IN RRSIG NSEC3 8 2 21600 202006290406
48 20200530031240 38388 cn. kF54zEnaReU5gyXbP5mIPrQBRvhL0EODM77Y5/u5PFi40gSvxxsa
EVjr vqfLwR7HExL0YHENpHHfVDwophrcSiSilBGZM0T2qTCL0NX5W2WGOs8H sSruKshqX4q7pXIOCN
nqRhWcTj/fffVQiDzJaqtTsxaCyupygpoJjTqG TC4=
8TM10SUG7NMG1C1GU6KIL3P610E3JKI2.cn. 21600 IN NSEC3 1 1 10 AEF123AB 8TN7D4R99B9F
9CM0C56QGJUQNGD0TU04 CNAME RRSIG
8TM10SUG7NMG1C1GU6KIL3P610E3JKI2.cn. 21600 IN RRSIG NSEC3 8 2 21600 202006290130
01 20200530010316 38388 cn. NA93a/Bsn/DD4zjKa8Xc1/L6/Rz18U2CdxHLrI9CF2URURfY7tQz
G1Qe oQSTc9UmStXnTh7wPWmnYGRxpgoYoFf2x09ga84/C+S1pPppKXmfQIT0 6U8lhg2Iqi7fXDTHGU
TvDPoPprEc4ScKhoJgdHSTr5tD7QXPpMI9YRT0 QOY=
;; Received 615 bytes from 203.119.26.1#53(b.dns.cn) in 13 ms
```

图 2-38　dig＋trace 查询示例（三）

```
www.google.cn.            300      IN       A         203.208.41.47
www.google.cn.            300      IN       A         203.208.41.63
www.google.cn.            300      IN       A         203.208.41.55
www.google.cn.            300      IN       A         203.208.41.56
;; Received 106 bytes from 216.239.32.10#53(ns1.google.com) in 76 ms
```

图 2-39　dig＋trace 查询示例（四）

（3）dig＋short 查询

如果不想看太多内容，可以使用 short 选项。

dig＋short 查询格式：

```
#dig +short FQDN
dig +short www.google.cn
```

查询结果如图 2-40 所示。

```
D:\ISC BIND 9\bin>dig +short www.google.cn
203.208.50.184
203.208.50.191
203.208.50.183
203.208.50.175
```

图 2-40　dig＋short 查询示例

（4）dig 指定服务器查询

如果要使用特定的服务器查询，可以使用@server 标志，其中 server 是特定域名服务器的域名或 IP 地址。

dig 指定服务器查询格式：

```
#dig @server FQDN
dig www.google.cn @114.114.114.114
```

查询返回结果如图 2-41 所示。结果显示 www.google.cn 的 A 记录有 4 条，地址与 dig ＋trace 查询和 dig＋short 查询中得到的结果并不相同。

```
D:\ISC BIND 9\bin>dig www.google.cn @114.114.114.114

; <<>> DiG 9.16.3 <<>> www.google.cn @114.114.114.114
;; global options: +cmd
;; Got answer:
;; ->>HEADER<<- opcode: QUERY, status: NOERROR, id: 64035
;; flags: qr rd ra; QUERY: 1, ANSWER: 4, AUTHORITY: 0, ADDITIONAL: 1

;; OPT PSEUDOSECTION:
; EDNS: version: 0, flags:; udp: 512
;; QUESTION SECTION:
;www.google.cn.                  IN      A

;; ANSWER SECTION:
www.google.cn.          40      IN      A       203.208.50.88
www.google.cn.          40      IN      A       203.208.50.87
www.google.cn.          40      IN      A       203.208.50.95
www.google.cn.          40      IN      A       203.208.50.79

;; Query time: 3 msec
;; SERVER: 114.114.114.114#53(114.114.114.114)
;; WHEN: Sat May 30 13:20:29 中国标准时间 2020
;; MSG SIZE  rcvd: 106
```

图 2-41　dig @server 查询示例

（5）dig 指定类型查询

dig 命令可以指定查询的类型，如 mx、ns、soa 等。

dig 指定类型查询格式：

```
#dig class FQDN
dig mx google.cn
```

查询结果如图 2-42 所示。

```
D:\ISC BIND 9\bin>dig mx google.cn

; <<>> DiG 9.16.3 <<>> mx google.cn
;; global options: +cmd
;; Got answer:
;; ->>HEADER<<- opcode: QUERY, status: NOERROR, id: 61414
;; flags: qr rd ra; QUERY: 1, ANSWER: 5, AUTHORITY: 0, ADDITIONAL: 0

;; QUESTION SECTION:
;google.cn.                      IN      MX

;; ANSWER SECTION:
google.cn.              600     IN      MX      40 alt3.aspmx.1.google.com.
google.cn.              600     IN      MX      30 alt2.aspmx.1.google.com.
google.cn.              600     IN      MX      10 aspmx.1.google.com.
google.cn.              600     IN      MX      20 alt1.aspmx.1.google.com.
google.cn.              600     IN      MX      50 alt4.aspmx.1.google.com.

;; Query time: 50 msec
;; SERVER: 218.2.135.1#53(218.2.135.1)
;; WHEN: Sat May 30 13:10:41 中国标准时间 2020
;; MSG SIZE  rcvd: 145
```

图 2-42　dig 指定类型查询示例

2.5.4　host 命令

host 命令用来把主机名解析成 IP 地址，或者把 IP 地址解析成主机名。

host 命令格式：

```
host hostname [server]
```

1. host 查询主机名

host 命令采用本地域名服务器查询主机名如下。

```
host mail.163.com
host 163.com
```

查询结果如图 2-43 所示。

```
D:\ISC BIND 9\bin>host mail.163.com
mail.163.com is an alias for ntes53.mail.163.com.
ntes53.mail.163.com has address 220.181.12.208
ntes53.mail.163.com has address 220.181.12.207
ntes53.mail.163.com has address 220.181.12.209

D:\ISC BIND 9\bin>host 163.com
163.com has address 123.58.180.7
163.com has address 123.58.180.8
163.com mail is handled by 10 163mx01.mxmail.netease.com.
163.com mail is handled by 10 163mx02.mxmail.netease.com.
163.com mail is handled by 10 163mx03.mxmail.netease.com.
163.com mail is handled by 50 163mx00.mxmail.netease.com.
```

图 2-43　host 查询主机名

2. host 反向查询 IP 地址

由图 2-43 查询结果得知，mail.163.com 对应的地址之一为 220.181.12.208。用 host 命令反向查询 IP 地址如下。

```
host 220.181.12.208
```

查询结果如图 2-44 所示。

3. host 指定服务器查询

host 命令也可以指定服务器进行查询。

host 指定服务器查询格式：

```
#host FQDN server
host www.google.cn 114.114.114.114
```

查询结果如图 2-45 所示。

```
D:\ISC BIND 9\bin>host 220.181.12.208
208.12.181.220.in-addr.arpa domain name pointer m12-208.163.com.

D:\ISC BIND 9\bin>dig -x 220.181.12.209

; <<>> DiG 9.16.3 <<>> -x 220.181.12.209
;; global options: +cmd
;; Got answer:
;; ->>HEADER<<- opcode: QUERY, status: NOERROR, id: 4125
;; flags: qr rd ra; QUERY: 1, ANSWER: 1, AUTHORITY: 0, ADDITIONAL: 0

;; QUESTION SECTION:
;209.12.181.220.in-addr.arpa.      IN      PTR

;; ANSWER SECTION:
209.12.181.220.in-addr.arpa. 1914 IN      PTR     m12-209.163.com.

;; Query time: 5 msec
;; SERVER: 218.2.135.1#53(218.2.135.1)
;; WHEN: Sat May 30 13:11:34 中国标准时间 2020
;; MSG SIZE  rcvd: 74
```

图 2-44　host 反向查询

```
D:\ISC BIND 9\bin>host www.google.cn 114.114.114.114
Using domain server:
Name: 114.114.114.114
Address: 114.114.114.114#53
Aliases:
www.google.cn has address 203.208.50.127
www.google.cn has address 203.208.50.120
www.google.cn has address 203.208.50.111
www.google.cn has address 203.208.50.119
```

图 2-45　host 指定服务器查询

2.6　DNS 客户相关命令

1. Windows 环境下清空 DNS 缓存内容

在 Windows 环境下清空 DNS 缓存内容，可用如下命令。

```
ipconfig /flushdns
```

执行结果如图 2-46 所示。

```
D:\>ipconfig /flushdns

Windows IP 配置

已成功刷新 DNS 解析缓存。
```

图 2-46　清空 DNS 缓存内容

也可以通过重启 DNS client 和 DHCP client 两项服务清空 DNS 缓存内容。

2. Windows 环境下查看 DNS 缓存内容

在 Windows 环境下查看 DNS 缓存内容,可用如下命令。

```
ipconfig /displaydns
```

执行结果如图 2-47 所示。

```
D:\>ipconfig /displaydns

Windows IP 配置

    dns.tsinghua.edu.cn
    ----------------------------------------
    记录名称 . . . . . . . : dns.tsinghua.edu.cn
    记录类型 . . . . . . . : 1
    生存时间 . . . . . . . : 19782
    数据长度 . . . . . . . : 4
    部分 . . . . . . . . . : 答案
    A (主机)记录 . . . . : 166.111.8.30


    www.baidu.com
    ----------------------------------------
    记录名称 . . . . . . . : www.baidu.com
    记录类型 . . . . . . . : 5
    生存时间 . . . . . . . : 244
    数据长度 . . . . . . . : 8
    部分 . . . . . . . . . : 答案
    CNAME 记录 . . . . . : www.a.shifen.com


    记录名称 . . . . . . . : www.a.shifen.com
    记录类型 . . . . . . . : 1
    生存时间 . . . . . . . : 244
    数据长度 . . . . . . . : 4
    部分 . . . . . . . . . : 答案
    A (主机)记录 . . . . : 180.101.49.11


    记录名称 . . . . . . . : www.a.shifen.com
    记录类型 . . . . . . . : 1
    生存时间 . . . . . . . : 244
    数据长度 . . . . . . . : 4
    部分 . . . . . . . . . : 答案
    A (主机)记录 . . . . : 180.101.49.12
```

图 2-47　显示 DNS 缓存内容

2.7　DNS 实验

DNS 实验内容如下。

(1) 安装 Windows Server 2012 的 DNS 服务。

(2) 创建正向查询区域、反向查询区域。

（3）创建和管理主机记录、别名记录。

（4）配置 SOA 记录、NS 记录等。

（5）配置根域名服务器，转发服务器，等等。

（6）级联域名服务器。

（7）使用 ping、nslookup 命令查询验证 DNS 服务。

（8）使用 dig、host 命令查询验证 DNS 服务。（选做）

（9）配置主从服务器。（选做）

（10）安装配置 BIND 软件。（选做）

（11）BIND 下应用 ACL。（选做）

（12）BIND 下智能 DNS。（选做）

具体实验内容详见与本书配套的《网络应用运维实验》。

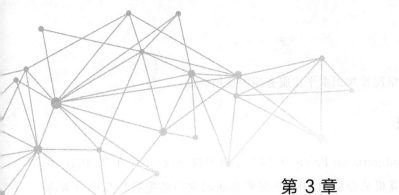

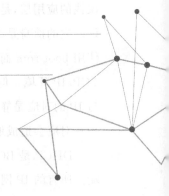

第 3 章

DHCP 服务与应用

3.1 DHCP 基础知识

3.1.1 主机网络配置

我们知道，TCP/IP 想要运行正常，网络中的主机和路由器不可避免地需要配置一些信息（如接口的 IP 地址等）。有了这些配置信息，主机/路由器才能提供/使用特定的网络服务。

主机网络相关的信息包括 IP 地址、子网掩码、默认网关地址和 DNS 服务器 IP 地址等。

TCP/IP 配置主机信息主要有以下 3 种方法。

（1）手动配置。

（2）动态获取。

（3）根据特定算法计算。

在网络中，我们把主机分为两大类：服务器主机和客户端主机。服务器主机一般采用手动配置，而客户端主机一般采用动态获取。这主要基于以下原因。

（1）客户主机比服务器移动更频繁。

（2）服务器需要提供更可靠的服务，其配置信息应该减少对其他系统/主机的依赖。

（3）客户主机比服务器的数量要多得多。

（4）客户主机使用者的网络配置知识水平比服务器的使用者低。

3.1.2　DHCP 历史

DHCP(Dynamic Host Configuration Protocol,动态主机配置协议)工作在 TCP/IP 协议栈的应用层,是一种帮助计算机从指定的 DHCP 服务器获取它们的配置信息的自举协议。它的前身是 BOOTP(Bootstrap Protocol)。BOOTP 原本用于无盘主机连接网络,主机使用 boot rom 而不是磁盘启动并与网络连接,BOOTP 则可以自动地为那些主机设定 TCP/IP 环境。但是,BOOTP 有一个缺点:在设定前须事先获得客户端的硬件地址,而且与 IP 的对应是静态的。换言之,BOOTP 缺乏动态性,在 IP 资源有限的环境中,BOOTP 的一一对应会造成地址资源的浪费。

DHCP 是 BOOTP 的增强版本,它分为两部分:一部分是服务器端,另一部分是客户端。所有的 IP 网络参数都由 DHCP 服务器集中管理,并负责处理客户端的 DHCP 请求;而客户端则会使用从服务器分配下来的 IP 配置参数。比起 BOOTP,DHCP 通过"租约"的概念,有效且动态地分配给客户端 TCP/IP 配置,而且 DHCP 向后兼容 BOOTP。

DHCP 最重要的功能就是动态分配。除了 IP 地址,DHCP 分组还为客户端提供其他的配置信息,如子网掩码。这使得客户端无须用户动手就能自动配置连接网络。

3.1.3　DHCP 功能

DHCP 通常被应用在大型的局域网络环境中,主要作用是集中地管理、分配 IP 地址,使网络环境中的主机动态地获得 IP 地址、Gateway 地址、DNS 服务器地址等信息,并能够提升地址的使用率。

DHCP 采用客户端/服务器模型,主机地址的动态分配任务由网络主机驱动。当 DHCP 服务器接收到来自网络主机申请地址的信息时,才会向网络主机发送相关的地址配置等信息,以实现网络主机地址信息的动态配置。DHCP 具有以下 4 种功能。

（1）保证任何 IP 地址在同一时刻只能由一台 DHCP 客户机使用。

（2）DHCP 可以给用户分配永久固定的 IP 地址。

（3）DHCP 可以同用其他方法获得 IP 地址的主机共存(如手工配置 IP 地址的主机)。

（4）DHCP 服务器可以向现有的 BOOTP 客户端提供服务。

3.1.4　DHCP 地址分配方式

DHCP 有 3 种机制分配 IP 地址。

（1）自动分配方式(Automatic Allocation):DHCP 服务器为主机指定一个永久性的 IP

地址,一旦 DHCP 客户端第一次成功地从 DHCP 服务器端租用到 IP 地址后,就可以永久性地使用该地址。

(2) 动态分配方式(Dynamic Allocation):DHCP 服务器给主机指定一个具有时间限制的 IP 地址,时间到期或者主机明确表示放弃该地址时,该地址可以被其他主机使用。

(3) 手工分配方式(Manual Allocation):客户端的 IP 地址是由网络管理员指定的,DHCP 服务器只是将指定的 IP 地址告诉客户端主机。

以上 3 种地址分配方式中,只有动态分配方式可以重复使用客户端不再需要的地址。

DHCP 消息的格式是基于 BOOTP 消息格式的,这就要求设备具有 BOOTP 中继代理的功能,并且能够与 BOOTP 客户端和 DHCP 服务器实现交互。BOOTP 中继代理的功能,使得没有必要在每个物理网络都部署一个 DHCP 服务器。RFC 951 和 RFC 1542 对BOOTP 进行了详细描述。

3.1.5　DHCP 的优缺点

使用 DHCP,为管理基于 TCP/IP 的网络带来以下几种好处。

(1) 提供安全而可靠的配置。DHCP 避免了由于需要手动在每个计算机上输入值而引起的配置错误,DHCP 还有助于防止由于在网络上配置新的计算机时重用以前指派的 IP 地址而引起的地址冲突。

(2) 可以减少配置管理。使用 DHCP 服务器可以大大降低用于配置和重新配置网络上计算机的时间。可以配置服务器,以便在指派地址租约时提供其他配置值的全部范围。这些值是使用 DHCP 选项指派的。

(3) DHCP 租约续订过程,还有助于确保客户端计算机配置需要经常更新的情况,如使用移动或便携式计算机频繁更改位置的用户,通过客户端计算机直接与 DHCP 服务器通信,可以高效、自动地进行这些更改。

(4) IP 地址采用租用方式,需要时向 DHCP 服务器申请 IP,用完后释放,使 IP 地址可以再利用。

(5) DHCP 服务器数据库是一个动态数据库,向客户端提供租约或释放租约时会自动更新,这样降低了管理 IP 地址的难度,所有 DHCP 客户的设置和变更都由客户端和服务器自动完成,不需人工干涉。

DHCP 也存在不少缺点,主要缺点如下。

(1) DHCP 不能发现网络上非 DHCP 客户端已经在使用的 IP 地址。

(2) DHCP 服务器对于用户的接入没有限制,任何一台计算机只要连接到网络上,就能够通过 DHCP 服务器获得正确的网络配置,从而可以访问网络。这样使得非法用户很容易进入内部网络,带来安全隐患。

（3）当网络上存在多个 DHCP 服务器时，尤其是存在私设的冒充 DHCP 服务器时，一个 DHCP 服务器不能查出已被其他服务器租出去的 IP 地址，这样将会给网络造成混乱。

（4）DHCP 服务器不能跨路由器与客户端通信，除非路由器允许 BOOTP 转发。

3.2 DHCP

DHCP 使用客户端/服务器模式，请求配置信息的计算机称为 DHCP 客户端，而提供信息的计算机称为 DHCP 服务器。

3.2.1 协议端口

DHCP 基于 UDP 传输。DHCP 服务器使用 UDP 67 端口，DHCP 客户端使用 UDP 68 端口。

3.2.2 协议报文

DHCP 报文共有以下几种。

（1）DHCP Discover：客户端开始 DHCP 过程发送的包，是 DHCP 交互的开始。

（2）DHCP Offer：服务器接收到 DHCP Discover 之后做出的响应，它包括给予客户端的 IP(yiaddr)、客户端的 MAC 地址、租约过期时间、服务器的识别符以及其他信息。

（3）DHCP Request：客户端对于服务器发出的 DHCP Offer 所做出的响应。在续约租期的时候同样会使用。

（4）DHCP ACK：服务器在接收到客户端发来的 DHCP Request 之后发出的成功确认的报文。在建立连接的时候，客户端在接收到这个报文之后才会确认分配给它的 IP 地址和其他信息可以被允许使用。

（5）DHCP NAK：是与 DHCP ACK 相反的报文，表示服务器拒绝了客户端的请求。

（6）DHCP Release：一般出现在客户端关机、下线等状况。这个报文将会使 DHCP 服务器释放发出此报文的客户端 IP 地址。

（7）DHCP Inform：客户端发出的向服务器请求一些信息的报文，一般很少使用。

（8）DHCP Decline：当客户端发现服务器分配的 IP 地址无法使用（如 IP 地址冲突时），将发出此报文，通知服务器禁止使用该 IP 地址。

3.2.3 报文格式

DHCP 的报文格式如图 3-1 所示。

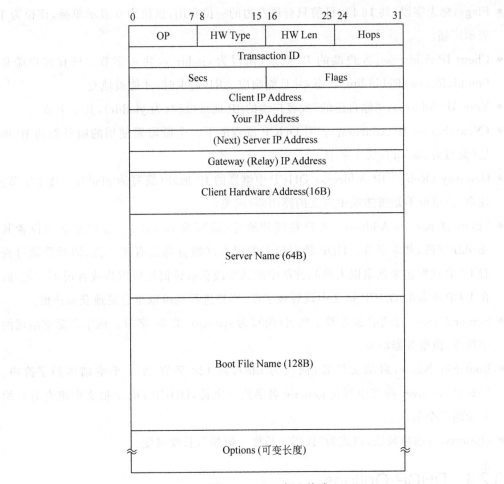

图 3-1　DHCP 报文格式

报文中各字段的描述如下。

- OP：报文类型，共 8 位。1 表示请求报文，2 表示回应报文。
- HW Type：硬件地址类型（简写为 htype），共 8 位。1 表示 10Mb/s 以太网的硬件地址。
- HW Len：硬件地址长度（简写为 hlen），共 8 位。以太网中该值为 6。
- Hops：跳数，共 8 位。客户端设置为 0，也能被代理服务器设置，每经过一个代理服务器，跳数加 1。
- Transaction ID：事务 ID（简写为 xid），为 32 位整数，是由客户端选择的一个随机数，被服务器和客户端用来在它们之间交流请求和响应，客户端用它对请求和应答进行匹配。该 ID 由客户端设置并由服务器返回。
- Secs：共 16 位，客户端填充，表示从客户端开始获得 IP 地址或者 IP 地址续借后所经过的秒数。

- Flags：标志字段，共 16 位，目前只有最左边的一位有用，该位为 0 表示单播，该位为 1 表示广播。

- Client IP Addrress：客户端的 IP 地址（简写为 ciaddr），共 4 字节。只有客户端是 Bound、Renew、Rebinding 状态，并且能响应 ARP 请求时，才能被填充。

- Your IP Address："你自己的"或客户端的 IP 地址（简写为 yiaddr），共 4 字节。

- (Next)Server IP Address：表明 DHCP 流程的下一个阶段要使用的服务器的 IP 地址（简写为 siaddr），共 4 字节。

- Gateway (Relay) IP Address：DHCP 中继器的 IP 地址（简写为 giaddr），共 4 字节。注意，该地址不是指选项中定义的路由器（网关）。

- Client Hardware Address：客户端硬件地址（简写为 chaddr）。客户端必须设置其 chaddr 字段，共 8 字节。UDP 数据包中的以太网帧首部也有该字段，但通常通过查看 UDP 数据包来确定以太网帧首部中的该字段获取该值比较困难或者说不可能，而在 UDP 承载的 DHCP 报文中设置该字段，用户进程就可以很容易地获取该值。

- Server Name：可选的服务器主机名（简写为 sname），共 64 字节。该字段是空结尾的字符串，由服务器填写。

- Boot File Name：启动文件名（简写为 file），共 128 字节，是一个空结尾的字符串。DHCP Discover 报文中填充 generic 名字或空字符，DHCP Offer 报文中填充有效的目录路径全名。

- Options：可选参数域，格式为"代码＋长度＋数据"，长度可变。

3.2.4 DHCP Options

DHCP 有许多类型的 Option，长度不一（但都是整数字节）。Option 遵循以下格式。

（1）如果 Option 没有值，只有标志位之类的内容，则以一个字节表示。

（2）如果 Opiton 有值，即 Opiton 是 name-value 对，则 Opiton 需要多个字节表示，其中第一个字节表示 Option 的名字，第二字节表示 value 的长度，第三个字节开始表示 value。

DHCP 支持大量的 Option，表 3-1 列出了常用的 Option。

表 3-1 DHCP 常用的 Option

Option ID	Length/字节	描　　　　述
1	4	Subnet Mask(子网掩码)
3	n×4	Router(网关地址)
6	n×4	DNS Server
7	n×4	Log Server

续表

Option ID	Length/字节	描　　述
12	n	Host Name
15	n	Domain Name(域名)
26	2	Interface MTU
33	n×8	Static routing table,静态路由选项,该选项中包含一组分类静态路由(即目的地址的掩码固定为自然掩码,不能划分子网),客户端收到该选项后,将在路由表中添加这些静态路由,如果存在 Option121,则忽略该选项
35	4	ARP cache timeout
42	n×4	NTP servers
50	4	Requested IP Address(请求的 IP)
51	4	IP address lease time(地址租约)
52	1	Optionoverload
53	1	Message type:(DHCP 消息类型) 1-DHCPDISCOVER;2-DHCP OFFER;3-DHCP REQUEST; 4-DHCP DECLINE;5-DHCP ACK;6-DHCP NAK; 7-DHCP RELEASE;8-DHCP INFORM
54	4	DHCP Server Identifier(服务器标识)
55	n	Parameter request list,请求参数列表选项,客户端利用该选项指明需要从服务器获取哪些网络配置参数。该选项内容为客户端请求的参数对应的选项值
56	n	Message
58	4	Renew time value,续约 T1 时间,一般是租约时间的 50%
59	4	Rebinding time value,续约 T2 时间,一般是租约时间的 87.5%
60	1+	Class-identifier,厂商分类信息选项,用于标识 DHCP 客户端的类型和配置
61	2+	Client-identifier,客户端标识
77	Variable	User Class Information,用户类型标识
82	n	华为自定义:ME60 作为 DHCP Relay,在中继用户 DHCP 报文时,可在 Option 82 中填写用户的物理位置信息,通知 DHCP 服务器按物理位置信息对为用户分配 IP 地址
121	5+	Classless Static Route Option,无分类路由选项,该选项中包含一组无分类静态路由(即目的地址的掩码为任意值,可以通过掩码来划分子网),客户端收到该选项后,将在路由表中添加这些静态路由
255	0	End

3.2.5 DHCP 交互过程

DHCP 的交互过程如图 3-2 所示,具体描述如下。

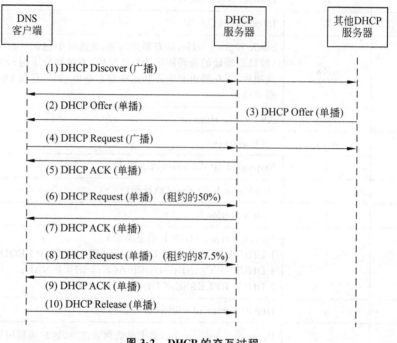

图 3-2 DHCP 的交互过程

（1）DHCP Client 以广播的方式发出 DHCP Discover 报文。

当 DHCP Client 处于以下 3 种情况之一时,触发 DHCP Discover 广播报文。

① 当 TCP/IP 作为 DHCP Client(自动获取 IP 地址)进行初始化,即 DHCP Client 启动计算机、启用网络适配器或者连接到网络时。

② DHCP Client 请求某个 IP 地址被 DHCP 服务器拒绝,通常发生在已获得租约的 DHCP 客户端连接到不同的网络中。

③ DHCP 客户端释放已有租约并请求新的租约。

以上 3 种情况,DHCP 客户端都将发起 DHCP Discover 广播消息,向所有 DHCP 服务器获取 IP 地址租约。此时由于 DHCP 客户端没有 IP 地址,因此在数据包中,使用 0.0.0.0 作为源 IP 地址,然后广播地址 255.255.255.255 作为目的地址。在此请求数据包中同样会包含客户端的 MAC 地址和计算机名,以便 DHCP 服务器进行区分。

如果没有 DHCP 服务器答复 DHCP 客户端的请求,DHCP 客户端在等待 1s 后会再次发送 DHCP Discover 广播消息。除了第一个 DHCP Discover 广播消息外,DHCP 客户端还会发出 3 个 DHCP Discover 广播消息,等待时延分别为 9s,13s 和 16s 加上一个长度为 0～1000ms 的随机时延。如果仍然无法联系上 DHCP 服务器,则认为自动获取 IP 地址失败,默认情况下将随机使用 APIPA(自动专有 IP 地址,169.254.0.0/16)中定义的未被其他客户使用的 IP 地址,子网掩码为 255.255.0.0,但是不会配置默认网关和其他 TCP/IP 选项,因此只能和同子网的使用 APIPA 地址的客户端计算机进行通信。可以通过注册表中的 DWORD 键值 IPAutoconfigurationEnabled 来禁止客户端计算机使用 APIPA 地址进行自动配置,此键值位于 HKEY_LOCAL_MACHINE\SYSTEM\CurrentControlSet\Services\Tcpip\Parameters。当其值设置为 0 时,则不使用 APIPA 地址进行自动配置。

(2) 所有的 DHCP Server 都能够接收到 DHCP Client 发送的 DHCP Discover 报文,所有的 DHCP Server 都会给出响应,向 DHCP Client 发送一个 DHCP Offer 报文。

DHCP Offer 报文中"Your(Client) IP Address"字段就是 DHCP Server 能够提供给 DHCP Client 使用的 IP 地址,且 DHCP Server 会将自己的 IP 地址放在 Options 字段中以便 DHCP Client 区分不同的 DHCP Server。DHCP Server 在发出此报文后会存在一个已分配 IP 地址的记录。

(3) DHCP Client 只能处理其中的一个 DHCP Offer 报文,一般的原则是 DHCP Client 处理最先收到的 DHCP Offer 报文。

(4) DHCP Client 会发出一个广播的 DHCP Request 报文,在选项字段中会加入选中的 DHCP Server 的 IP 地址和需要的 IP 地址。

(5) DHCP Server 收到 DHCP Request 报文后,判断选项字段中的 IP 地址是否与自己的地址相同。如果不相同,DHCP Server 不做任何处理只清除相应 IP 地址的分配记录;如果相同,DHCP Server 就会向 DHCP Client 响应一个 DHCP ACK 报文,并在选项字段中增加 IP 地址的使用租期信息。

(6) DHCP Client 接收到 DHCP ACK 报文后,检查 DHCP Server 分配的 IP 地址是否能够使用。如果 DHCP 客户端的操作系统为 Windows 2000 及其后版本,当 DHCP 客户端接收到 DHCP ACK 广播消息后,会向网络发出 3 个针对此 IP 地址的 ARP 解析请求以执行冲突检测,确认网络上没有其他主机使用 DHCP 服务器提供的 IP 地址,从而避免 IP 地址冲突。如果可以使用,则 DHCP Client 成功获得 IP 地址,并且根据 IP 地址使用租期自动启动续延过程;如果 DHCP Client 发现分配的 IP 地址已经被使用,则 DHCP Client 向 DHCP Server 发出 DHCP Decline 报文,通知 DHCP Server 禁用这个 IP 地址,然后 DHCP Client 开始新的地址申请过程。

在使用租期超过 50% 时刻处,DHCP Client 会以单播形式向 DHCP Server 发送 DHCP Request 报文来续租 IP 地址。

（7）如果 DHCP Client 成功收到 DHCP Server 发送的 DHCP ACK 报文，则按相应时间延长 IP 地址租期；如果没有收到 DHCP Server 发送的 DHCP ACK 报文，则 DHCP Client 继续使用这个 IP 地址。

（8）在使用租期超过 87.5％时刻处，DHCP Client 会以广播形式向 DHCP Server 发送 DHCP Request 报文来续租 IP 地址。

（9）如果 DHCP Client 成功收到 DHCP Server 发送的 DHCP ACK 报文，则按相应时间延长 IP 地址租期；如果没有收到 DHCP Server 发送的 DHCP ACK 报文，则 DHCP Client 继续使用这个 IP 地址，直到 IP 地址使用租期到期时，DHCP Client 才会向 DHCP Server 发送 DHCP Release 报文来释放这个 IP 地址，并开始新的 IP 地址申请过程。

（10）DHCP Client 在成功获取 IP 地址后，随时可以通过发送 DHCP Release 报文释放自己的 IP 地址，DHCP Server 收到 DHCP Release 报文后，会回收相应的 IP 地址并重新分配。

需要说明的是：DHCP 客户端可以接收到多个 DHCP 服务器的 DHCP Offer 报文，然后可能接受任何一个 DHCP Offer 报文，但客户端通常只接受收到的第一个 DHCP Offer 报文。另外，DHCP 服务器 DHCP Offer 中指定的地址不一定为最终分配的地址，通常情况下，DHCP 服务器会保留该地址直到客户端发出正式请求。

正式请求 DHCP 服务器分配地址 DHCP Request 采用广播报文，是为了让其他所有发送 DHCP Offer 报文的 DHCP 服务器也能够接收到该报文，然后释放已经 Offer（预分配）给客户端的 IP 地址。

如果发送给 DHCP 客户端的地址已经被其他 DHCP 客户端使用，客户端会向服务器发送 DHCP Decline 报文拒绝接受已经分配的地址信息。

在协商过程中，如果 DHCP 客户端发送的 Request 消息中的地址信息不正确，例如客户端已经迁移到新的子网或者租约已经过期，DHCP 服务器就会发送 DHCP NAK 消息给 DHCP 客户端，让客户端重新发起地址请求过程。

3.2.6　协议分析

DHCP 基于 UDP 传输。DHCP 服务器使用 UDP 67 端口，DHCP 客户端使用 UDP 68 端口。

通过 Wireshark 工具抓包，获取 DHCP 客户与服务器之间交互的报文。DHCP Discover 报文如图 3-3 所示，DHCP Offer 报文如图 3-4 所示，DHCP Request 报文如图 3-5 所示，DHCP ACK 报文如图 3-6 所示。

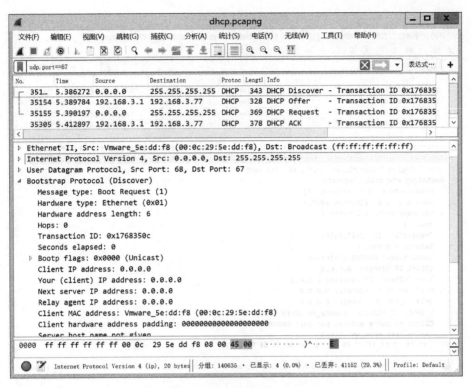

图 3-3　DHCP Discover 报文

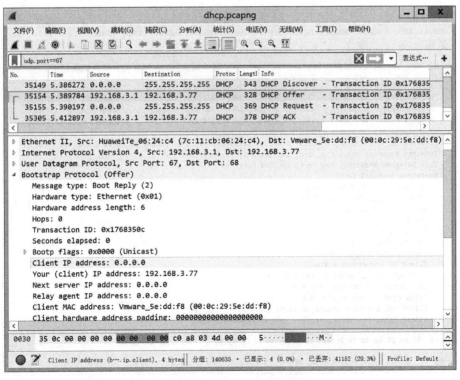

图 3-4　DHCP Offer 报文

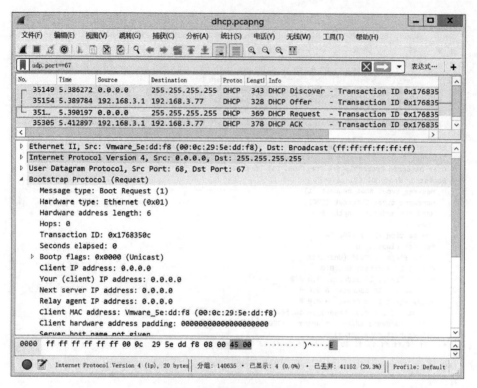

图 3-5　DHCP Request 报文

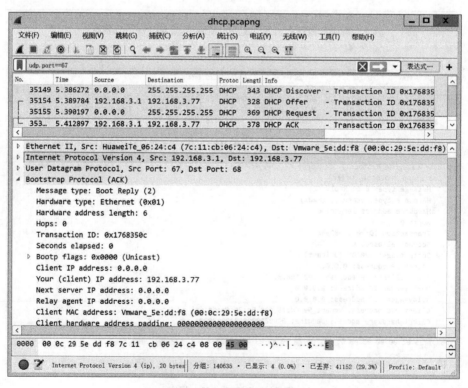

图 3-6　DHCP ACK 报文

3.3　DHCP 服务的管理

3.3.1　DHCP 服务器的安装

根据操作系统的不同,DHCP 服务器的安装包括:

(1) 在 Windows 环境下,Windows Server 2012 系统自带 DHCP 服务的安装。

(2) 在 Linux 环境下,CentOS 7 系统 DHCP 服务的安装。

具体安装步骤详见与本书配套的《网络应用运维实验》。

3.3.2　DHCP 服务器的运维

1. 基础内容

DHCP 服务器的运行维护主要包括以下基础内容。

(1) 作用域的创建。

(2) 地址池的设置。

(3) 地址子网掩码的设置。

(4) 租约时间的设置。

(5) 网关选项的设置。

(6) 域名服务器选项的设置。

(7) 保留地址的设置。

(8) 地址租约的查看。

2. 进阶内容

DHCP 服务器的运行维护的进阶内容如下。

(1) DHCP 中继配置。

(2) DHCP 数据备份与恢复。

3.4　DHCP 服务的使用

3.4.1　DHCP 客户配置

要使用 DHCP 服务,需要进行 DHCP 客户配置。只要在网络连接的"Internet 协议版本 4(TCP/IPv4)属性"窗口中,选中"自动获得 IP 地址"和"自动获得 DNS 服务器地址"即可完成 DHCP 客户配置,如图 3-7 所示。

图 3-7　DHCP 客户配置

3.4.2　常用命令

在 Windows 环境下,DHCP 相关的常用命令主要有 ipconfig /release 和 ipconfig /renew。ipconfig /release 用于释放全部或指定接口原来的 IP 地址,该命令执行结果如图 3-8 所示。

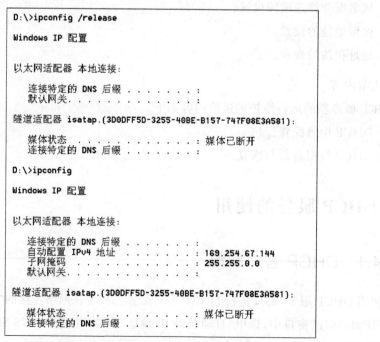

图 3-8　ipconfig /release 命令执行结果

ipconfig /renew 命令用于为全部或指定接口重新分配 IP 地址,该命令执行结果如图 3-9 所示。

```
D:\>ipconfig

Windows IP 配置

以太网适配器 本地连接:

    连接特定的 DNS 后缀 . . . . . . . . :
    自动配置 IPv4 地址 . . . . . . . . : 169.254.67.144
    子网掩码 . . . . . . . . . . . . . : 255.255.0.0
    默认网关 . . . . . . . . . . . . . :

隧道适配器 isatap.{3D0DFF5D-3255-40BE-B157-747F08E3A581}:

    媒体状态 . . . . . . . . . . . . . : 媒体已断开
    连接特定的 DNS 后缀 . . . . . . . . :
```

图 3-9　ipconfig /renew 命令执行结果

3.5　DHCP 实验

DHCP 实验主要包括以下内容。

(1) 安装 Windows Server 2012 系统的 DHCP 服务。

(2) 创建新的作用域。

(3) 设置网络前缀长度或子网掩码。

(4) 设置 IP 地址范围。

(5) 设置地址排除范围。

(6) 设置租约时长。

(7) 设置默认网关选项。

(8) 设置 DNS 服务器选项。

(9) 通过 DHCP 客户端测试。

(10) 查看 DHCP 租约。

(11) 设置保留项。

(12) 客户端使用 ipconfig 命令释放地址租约。

(13) 客户端使用 ipconfig 命令重新获取地址租约。

(14) 配置 DHCP 中继。(选做)

(15) 备份 DHCP 数据。(选做)

(16) 恢复 DHCP 数据。(选做)

具体实验内容详见与本书配套的《网络应用运维实验》。

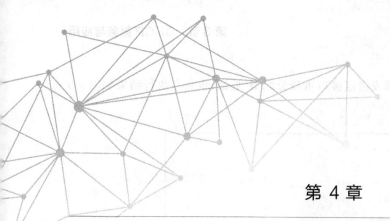

第 4 章
Web 服务与应用

4.1 Web 基础知识

4.1.1 WWW

WWW(World Wide Web)即全球广域网,又称万维网,它是一种基于超文本和 HTTP 的、全球性、动态交互、跨平台的分布式图形信息系统。WWW 是建立在 Internet 上的一种网络服务,为浏览者在 Internet 上查找和浏览信息提供了图形化且易于访问的直观界面,其中的文档及超级链接将 Internet 上的信息节点组织成一个互为关联的网状结构。

4.1.2 Web 起源

1989 年,CERN(欧洲粒子物理研究所)由 Tim Berners-Lee 领导的小组提交了一个针对 Internet 的新协议和一个使用该协议的文档系统,该小组将这个新系统命名为 World Wide Web,其目的是使全球的科学家能够利用 Internet 交流自己的工作文档。

这个新系统被设计成允许 Internet 上任意一个用户都可以从许多文档服务计算机的数据库中搜索和获取文档。1990 年末,这个新系统的基本框架在 CERN 的一台计算机中实现,1991 年该系统被移植到其他计算机平台并正式发布。

4.1.3　Web 表现形式

1. 超文本

超文本（Hyper Text）是一种用户接口方式，用以显示文本及与文本相关的内容。现在超文本普遍以电子文档的方式存在，其中的文字包含有可以链接到其他字段或者文档的超文本链接，允许从当前阅读位置直接切换到超文本链接所指向的文字。

超文本的格式有很多，目前最常使用的是超文本标记语言（Hyper Text Markup Language，HTML）以及富文本格式（Rich Text Format，RTF）。人们日常浏览的网页上的链接都属于超文本。

超文本链接是一种全局性的信息结构，它将文档中的不同部分通过关键字建立链接，使信息得以用交互方式搜索。

2. 超媒体

超媒体（Hyper Media）是超级媒体的简称，是超文本和多媒体在信息浏览环境下的结合。用户不仅能从一个文本跳到另一个文本，而且可以激活一段声音，显示一个图形，甚至可以播放一段动画。

Internet 采用超文本和超媒体的信息组织方式，将信息的链接扩展到整个 Internet 上。Web 就是一种超文本信息系统，Web 的一个主要的概念就是超文本链接。它使得文本不再像一本书一样是固定的、线性的，而是可以从一个位置跳到另外的位置并从中获取更多的信息，还可以转到别的主题上。想要了解某一个主题的内容只要在这个主题上单击一下，就可以跳转到包含这一主题的文档上。正是这种多连接性所以将它称为 Web。

3. 超文本传输协议

超文本传输协议（HyperText Transfer Protocol，HTTP）是互联网上应用最为广泛的一种网络协议，是客户端浏览器或其他程序与 Web 服务器之间的应用层通信协议。所有的 WWW 文件都必须遵守这个协议。

HTTP 是用于从 WWW 服务器传输超文本到本地浏览器的传输协议。它可以使浏览器更加高效，使网络传输量减少。它不仅能够保证计算机正确快速地传输超文本文档，还可以确定传输文档中的哪一部分以及哪部分内容优先显示（如文本先于图形）等。

4.1.4　Web 特点

1. 图形化

Web 广泛流行的一个很重要的原因，就在于它具有可以在一页上同时显示色彩丰富的图形和文本的性能。在 Web 之前，Internet 上的信息只有文本形式。Web 可以提供将图形、音频、视频信息汇集于一体的特性。

2. 与平台无关

无论用户的系统平台是什么,都可以通过 Internet 访问 WWW。浏览 WWW 对系统平台没有什么限制。无论从 Windows 平台、UNIX 平台、Mac OS 等平台,人们都可以访问 WWW。对 WWW 的访问通过一种称为浏览器(Browser)的软件实现。例如,Mozilla 公司的 Firefox、Google 公司的 Chrome、Microsoft 公司的 Internet Explorer 等。

3. 分布式的

大量的图形、音频和视频信息会占用相当大的磁盘空间,人们甚至无法预知信息的多少。对于 Web 没有必要把所有信息都放在一起,信息可以放在不同的站点上,只需要在浏览器中指明这个站点即可。在物理上并不一定要求一个站点的信息在逻辑上一体化,但从用户角度来看这些信息却是一体的。

4. 动态的

由于各 Web 站点的信息包含站点本身的信息,信息的提供者可以经常对站点上的信息进行更新。例如,某个协议的发展状况、公司的广告等。一般各信息站点都尽量保证信息的时间性。所以 Web 站点上的信息是动态的、经常更新的,这一点是由信息的提供者保证的。

5. 交互的

Web 的交互性首先表现在它的超链接上,用户的浏览顺序和所到站点完全由他自己决定。另外,通过 FORM 的形式可以从服务器方获得动态的信息。用户通过填写 FORM 可以向服务器提交请求,服务器可以根据用户的请求返回相应信息。

4.1.5　Web 网页

1. 网页简述

所谓网页(Page),就是网站中的一个页面,是构成网站的基本元素,是承载各种网站应用的基础。通俗地说,网站就是由网页组成的。

所谓网站(Web Site),就是指在 Internet 上,根据一定的规则,使用 HTML 等工具制作的用于展示特定内容的相关网页的集合。简单地说,网站是一种通信工具,就像布告栏一样,人们可以通过网站来发布或收集信息。

2. 构成元素

文字与图片是构成一个网页的两个最基本的元素。可以简单地理解为:文字是网页的内容,图片就是网页的美观效果。除此之外,网页的元素还包括动画、音乐、程序等。

3. 网页的类型

通常人们看到的网页,都是以 htm 或 html 为扩展名的文件,俗称 HTML 文件。不同的扩展名,分别代表不同类型的网页文件,如 CGI、ASP、PHP、JSP 等网页文件。

4. 网页的分类

网页有多种分类,传统意义上的分类是动态和静态的页面。静态页面多通过网站设计软件来进行重新设计和更改,相对比较滞后,当然有网站管理系统也可以生成静态页面。动态页面是通过网页脚本与语言自动处理、自动更新的页面,例如贴吧就是通过网站服务器运行程序,自动处理信息,按照流程更新网页。

4.2　Web 版本

4.2.1　Web 1.0

最早的网络构想来源于 1980 年由 Tim Berners-Lee 构建的 ENQUIRE 项目,这是一个超文本在线编辑数据库,尽管看上去与现在使用的互联网不太一样,但是在许多核心思想上却是一致的。Web 1.0 开始于 1994 年,其主要特征是大量使用静态的 HTML 网页来发布信息,并开始使用浏览器来获取信息,这时主要是单向的信息传递。通过 Web,互联网上的资源可以在一个网页里比较直观地表示出来,而且资源之间在网页上可以任意链接。Web 1.0 的本质是聚合、联合、搜索,其聚合的对象是巨量、无序的网络信息。

Web 1.0 只解决了人们对信息搜索、聚合的需求,而没有解决人与人之间沟通、互动和参与的需求,所以 Web 2.0 应运而生。

4.2.2　Web 2.0

Web 2.0 始于 2004 年 3 月 O'Reilly Media 公司和 MediaLive 公司的一次头脑风暴会议。Tim O'Reilly 在发表的 *What Is Web 2.0* 一文中概括了 Web 2.0 的概念,并给出了描述 Web 2.0 的框图——Web 2.0 MemeMap,这篇文章成为 Web 2.0 研究的经典文章。此后关于 Web 2.0 的相关研究与应用迅速开展,Web 2.0 的理念与相关技术日益成熟和发展,推动了 Internet 的变革与应用的创新。在 Web 2.0 中,软件被当成一种服务,Internet 从一系列网站演化成一个成熟的、为最终用户提供网络应用的服务平台,强调用户的参与、在线的网络协作、数据存储的网络化、社会关系的网络化、RSS 的应用以及文件的共享等成为 Web 2.0 发展的主要支撑和表现。Web 2.0 模式大大激发了创造和创新的积极性,使 Internet 重新变得生机勃勃。Web 2.0 的典型应用包括 Blog、Wiki、RSS、Tag、SNS、P2P、IM 等。

4.2.3　Web 2.0 与 Web 1.0 的区别

Web 2.0 与 Web 1.0 的主要区别如下。

（1）Web 2.0 更加注重交互性。不仅用户在发布内容过程中实现了与网络服务器之间的交互，而且也实现了同一网站不同用户之间的交互，以及不同网站之间信息的交互。

（2）符合 Web 标准的网站设计。Web 标准是国际上正在推广的网站标准，通常所说的 Web 标准，一般是指网站建设采用基于 XHTML 语言的网站设计语言。实际上，Web 标准并不是某一特定标准，而是一系列标准的集合。Web 标准中典型的应用模式是"CSS＋XHTML"，摒弃了 HTML 4.0 中的表格定位方式，其优点之一是网站设计代码规范，并且减少了大量代码，减少了网络带宽资源浪费，加快了网站访问速度。更重要的一点是符合 Web 标准的网站对于用户和搜索引擎更加友好。

（3）Web 2.0 网站与 Web 1.0 没有绝对的界限。Web 2.0 技术可以成为 Web 1.0 网站的工具，一些在 Web 2.0 概念之前诞生的网站本身也具有 Web 2.0 的特性，例如 B2B 电子商务网站的免费信息发布和网络社区类网站的内容也来源于用户。

（4）Web 2.0 的核心不是技术而在于指导思想。Web 2.0 有一些典型的技术，但技术是为了达到某种目的所采取的手段。Web 2.0 技术本身不是 Web 2.0 网站的核心，重要的在于典型的 Web 2.0 技术体现了具有 Web 2.0 特征的应用模式。因此，与其说 Web 2.0 是互联网技术的创新，不如说 Web 2.0 是互联网应用指导思想的革命。

（5）Web 2.0 是互联网的一次理念和思想体系的升级换代，由原来的自上而下的由少数资源控制者集中控制主导的互联网体系，转变为自下而上的由广大用户集体智慧和力量主导的互联网体系。

（6）Web 2.0 体现交互，可读可写，适合于各种微博、相册，用户参与性更强。

4.2.4　Web 3.0

Web 3.0 是 Internet 发展的必然趋势，是 Web 2.0 的进一步发展和延伸。Web 3.0 在 Web 2.0 的基础上，将杂乱的微内容进行最小单位的继续拆分，同时进行词义标准化、结构化，实现微信息之间的互动以及微内容之间基于语义的链接。Web 3.0 能够进一步深度挖掘信息，并使其直接从底层数据库进行互通。Web 2.0 把散布在 Internet 上的各种信息点以及用户的需求点聚合和对接起来，通过在网页上添加元数据，使机器能够理解网页内容，从而提供基于语义的检索与匹配，使得用户的检索更加个性化、精准化和智能化。Web 3.0 网站内的信息，可以直接和其他网站相关信息进行交互，能够通过第三方信息平台同时对多家网站的信息进行整合使用；用户在 Internet 上拥有直接的数据，并能在不同网站上使用；完全基于 Web，用浏览器即可以实现复杂的系统程序才具有的功能。Web 3.0 浏览器会把网络当成一个可以满足任何查询需求的大型信息库。Web 3.0 的本质是深度参与、生命体验以及体现网民参与的价值。

4.2.5　Web 3.0 的技术特性

Web 3.0 的主要技术特性如下。

(1) 智能化及个性化搜索引擎。

(2) 数据的自由整合与有效聚合。

(3) 适合多种终端平台,实现信息服务的普适性。

4.2.6　Web 3.0 与 Web 1.0、Web 2.0 的区别

从用户参与的角度来看,Web 1.0 的特征是以静态、单向阅读为主,用户仅是被动参与;Web 2.0 则是一种以分享为特征的实时网络,用户可以实现互动参与,但这种互动仍然是有限度的;Web 3.0 则以网络化和个性化为特征,可以提供更多人工智能服务,用户可以实现实时参与。

从技术角度看,Web 1.0 依赖的是动态 HTML 和静态 HTML 网页技术;Web 2.0 则以 Blog、TAG、SNS、RSS、Wiki、六度分隔、XML、AJAX 等技术和理论为基础;Web 3.0 的技术特点是综合性的,语义 Web、本体是实现 Web 3.0 的关键技术。

从应用角度来看,传统的门户网站(如新浪、搜狐、网易等)是 Web 1.0 的代表;博客中国、校内网、Facebook、YouTube 等是 Web 2.0 的代表;iGoogle、阔地网络等则是 Web 3.0 的代表。

4.3　HTTP 概述

4.3.1　HTTP 介绍

HTTP 是 Hyper Text Transfer Protocol(超文本传输协议)的缩写。它的发展是万维网协会(World Wide Web Consortium)和 Internet 工作小组(Internet Engineering Task Force,IETF)合作的结果,最终发布了一系列的 RFC,RFC 1945 定义了 HTTP 1.0 版本。其中最著名的就是 RFC 2616,它定义了今天普遍使用的一个版本——HTTP 1.1。

HTTP 是用于从 WWW 服务器传输超文本到本地浏览器的传送协议,可以使浏览器更加高效。

HTTP 是一个应用层协议,由请求和响应构成,是一个标准的客户端服务器模型。HTTP 是一个无状态的协议。

4.3.2 协议位置

HTTP 通常承载于 TCP 之上,有时也承载于 TLS 或 SSL 协议层之上,这时就成了人们常说的 HTTPS,如图 4-1 所示。

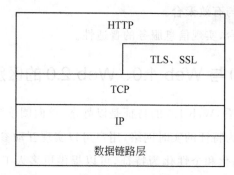

图 4-1　HTTP 在协议栈中的位置

默认 HTTP 的端口号为 80,HTTPS 的端口号为 443。

4.3.3 请求响应模型

HTTP 永远都是客户端发起请求,服务器回送响应,如图 4-2 所示。

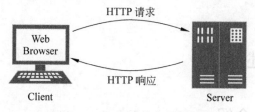

图 4-2　HTTP 请求响应模型

这样就限制了 HTTP 的使用,无法实现在客户端没有发起请求的时候,服务器将消息推送给客户端。

HTTP 是一个无状态的协议,同一个客户端的这次请求和上次请求是没有关联关系的。

4.3.4 工作流程

一次 HTTP 操作称为一个事务,其工作过程可分为以下 4 步。

(1) 首先客户机与服务器需要建立连接。只要单击某个超级链接,HTTP 即开始工作。

(2) 建立连接后,客户机发送一个请求给服务器,请求方式的格式为:统一资源定位符(URL)、协议版本号,后边是 MIME 信息(包括请求修饰符、客户机信息和可能的内容)。

（3）服务器接到请求后,给予相应的响应信息,其格式为一个状态行,包括信息的协议版本号、一个成功或错误的代码,后边是 MIME 信息(包括服务器信息、实体信息和可能的内容)。

（4）客户端接收服务器所返回的信息,并通过浏览器显示在用户的显示屏上,然后客户机与服务器断开连接。

如果在以上过程中的某一步出现错误,那么产生错误的信息将返回到客户端,由显示屏输出。对于用户来说,这些过程是由 HTTP 自己完成的,用户只要用鼠标单击,等待信息显示就可以了。

4.4　HTTP 版本

4.4.1　HTTP 0.9

HTTP 是基于 TCP/IP 的应用层协议。它不涉及数据包(packet)传输,主要规定了客户端和服务器之间的通信格式,默认使用 80 端口。

HTTP 的最早版本是 1991 年发布的 HTTP 0.9。该版本极其简单,只有一个命令 GET。

GET 命令格式:

```
GET /index.html
```

上面的命令表示,TCP 连接建立后,客户端向服务器请求网页 index.html。

HTTP 0.9 协议规定,服务器只能回应如下 HTML 格式的字符串,不能回应其他的格式。

```
<html>
    <body>Hello World</body>
</html>
```

服务器发送完毕,就关闭 TCP 连接。

4.4.2　HTTP 1.0

1. HTTP 1.0 简介

1996 年 5 月,HTTP 1.0 版本发布,相比之前 HTTP 0.9 其内容大大增加。

首先,任何格式的内容都可以发送。这使得互联网不仅可以传输文字,还能传输图像、视频、二进制文件。这为互联网的大发展奠定了基础。

其次,除了 GET 命令,还引入了 POST 命令和 HEAD 命令,丰富了浏览器与服务器的互动手段。

再次,HTTP 请求和回应的格式也变了。除了数据部分,每次通信都必须包括头信息(HTTP header),用来描述一些元数据。

其他的新增功能还包括状态码、多字符集支持、多部分发送、权限、缓存、内容编码等。

2. 请求格式

下面是一个 HTTP 1.0 版请求的例子。

```
GET / HTTP/1.0
User-Agent: Mozilla/5.0 (Macintosh; Intel Mac OS X 10_10_5)
Accept: * / *
```

可以看到,这个格式与 HTTP 0.9 版有很大的变化。

说明:第一行是请求命令,必须在尾部添加协议版本(HTTP 1.0)。后面就是多行头信息,描述客户端的情况。

3. 回应格式

服务器的回应如下。

```
HTTP/1.0 200 OK
Content-Type: text/plain
Content-Length: 137582
Expires: Thu, 05 Dec 1997 16:00:00 GMT
Last-Modified: Wed, 5 August 1996 15:55:28 GMT
Server: Apache 0.84

<html>
    <body>Hello World</body>
</html>
```

说明:回应的格式是"头信息+一个空行(\r\n)+数据"。其中,第一行是"协议版本+状态码+状态描述"。

4. Content-Type 字段

关于字符的编码,HTTP 1.0 版规定,头信息必须是 ASCII 码,后面的数据可以是任何格式。因此,服务器回应时,必须告诉客户端数据是什么格式,这就是 Content-Type 字段的作用。

下面是一些常见的 Content-Type 字段的值。

* text/plain。
* text/html。
* text/css。

- image/jpeg。
- image/png。
- image/svg+xml。
- audio/mp4。
- video/mp4。
- application/javascript。
- application/pdf。
- application/zip。
- application/atom+xml。

上述这些数据类型总称为 MIME type,每个值包括一级类型和二级类型,之间用斜杠"/"分隔。

除了预定义的类型,厂商也可以自定义类型。例如:

```
application/vnd.debian.binary-package
```

上面的类型表明,发送的是 Debian 系统的二进制数据包。

MIME type 还可以在尾部使用分号,添加参数。例如:

```
Content-Type: text/html; charset=utf-8
```

上面的类型表明,发送的是网页,而且编码是 UTF-8。

客户端请求时,可以使用 Accept 字段声明自己可以接收哪些数据格式。例如:

```
Accept: * / *
```

上面代码中,客户端声明自己可以接收任何格式的数据。

MIME type 不仅用在 HTTP,还可以用在其他地方,例如用在 HTML 网页。

```
<meta http-equiv="Content-Type" content="text/html; charset=UTF-8" />
<!--等同于 -->
<meta charset="utf-8" />
```

5. Content-Encoding 字段

由于发送的数据可以是任何格式,因此可以把数据压缩之后再发送。Content-Encoding 字段说明了数据的压缩方法。例如:

```
Content-Encoding: gzip
Content-Encoding: compress
Content-Encoding: deflate
```

客户端在请求时,用 Accept-Encoding 字段说明自己可以接受哪些压缩方法。例如:

```
Accept-Encoding: gzip, deflate
```

6. HTTP 1.0 版本的缺点

HTTP 1.0 版的主要缺点是,每个 TCP 连接只能发送一个请求。发送数据完毕,连接就关闭了,如果还要请求其他资源,就必须再重新建立一个连接。

TCP 连接的新建成本很高,因为需要客户端和服务器 3 次握手,并且开始时发送速率较慢。所以,HTTP 1.0 版本的性能较差。随着网页加载的外部资源越来越多,这个问题愈发突出。

为了解决这个问题,有些浏览器在请求时,用了一个如下非标准的 Connection 字段。

```
Connection: keep-alive
```

这个字段要求服务器不要关闭 TCP 连接,以便其他请求复用。服务器同样如下回应了这个字段。

```
Connection: keep-alive
```

这样,一个可以复用的 TCP 连接就建立了,直到客户端或服务器主动关闭连接。但是,这不是标准字段,不同实现的行为可能不一致,因此不是根本的解决办法。

4.4.3 HTTP 1.1

1997 年 1 月,HTTP 1.1 版本发布,只比 HTTP 1.0 版本晚了半年。它进一步完善了HTTP,一直用到今天还是最流行的版本。

1. 持久连接

HTTP 1.1 版的最大变化,就是引入了持久连接,即 TCP 连接默认不关闭,可以被多个请求复用,不用声明 Connection：keep-alive。

客户端和服务器发现对方一段时间没有活动,就可以主动关闭连接。不过,规范的做法是,客户端在最后一个请求时发送,例如:

```
Connection: close
```

明确要求服务器关闭 TCP 连接。

目前,对于同一个域名,大多数浏览器允许同时建立 6 个持久连接。

2. 管道机制

HTTP 1.1 版还引入了管道机制(Pipelining),即在同一个 TCP 连接里面,客户端可以同时发送多个请求。这样就进一步提高了 HTTP 的效率。

举例来说,客户端需要请求两个资源。以前的做法是,在同一个 TCP 连接里面,先发送

A 请求,然后等待服务器做出回应,收到后再发出 B 请求。管道机制则是允许浏览器同时发出 A 请求和 B 请求,但是服务器还是按照顺序先回应 A 请求,完成后再回应 B 请求。

3. Content-Length 字段

一个 TCP 连接现在可以传送多个回应,势必就要有一种机制,区分数据包是属于哪一个回应的。这就是 Content-Length 字段的作用,声明本次回应的数据长度。例如:

```
Content-Length: 3495
```

上面代码告诉浏览器,本次回应的长度是 3495 个字节,后面的字节就属于下一个回应了。

在 HTTP 1.0 版中,Content-Length 字段不是必需的,因为浏览器发现服务器关闭了 TCP 连接,就表明收到的数据包已经全了。

4. 分块传输编码

使用 Content-Length 字段的前提条件是,服务器发送回应之前,必须知道回应的数据长度。

对于一些很耗时的动态操作来说,这意味着服务器要等到所有操作完成后才能发送数据,显然这样的效率不高。更好的处理方法是,产生一块数据就发送一块数据,即采用"流模式"取代"缓存模式"。

因此,HTTP 1.1 版规定可以不使用 Content-Length 字段,而使用"分块传输编码"(Chunked Transfer Encoding)。只要请求或回应的头信息有 Transfer-Encoding 字段,就表明回应将由数量未定的数据块组成。例如:

```
Transfer-Encoding: chunked
```

每个非空的数据块之前,会有一个十六进制的数值,表示这个块的长度。最后是一个大小为 0 的块,就表示本次回应的数据发送完了。下面是一个示例。

```
HTTP/1.1 200 OK
Content-Type: text/plain
Transfer-Encoding: chunked
25\r\n
This is the data in the first chunk\r\n     /* 不含 CRLF 长度为 37,即 0x25 */
1C\r\n
and this is the second one\r\n              /* 不含 CRLF 长度为 28,即 0x1C */
3\r\n
con\r\n                                     /* 不含 CRLF 长度为 3,即 0x03 */
8\r\n
sequence\r\n                                /* 不含 CRLF 长度为 8,即 0x08 */
0\r\n
```

\r\n

5. 其他功能

HTTP 1.1 版还新增了许多动词方法，如 PUT、PATCH、HEAD、OPTIONS、DELETE 等。

另外，客户端请求的头信息新增了 Host 字段，用来指定服务器的域名。例如：

Host: www.example.com

有了 Host 字段，就可以将请求发往同一台服务器上的不同网站，这为虚拟主机的兴起打下了基础。

6. 缺点

虽然 HTTP 1.1 版允许复用 TCP 连接，但是同一个 TCP 连接里面，所有的数据通信是按照次序进行的。服务器只有处理完一个回应，才会进行下一个回应。要是前面的回应特别慢，后面就会有许多请求在排队等待，这就出现了"队头堵塞"（Head-of-line Blocking）。

为了避免这个问题，可以采用两种方法：一是减少请求数，二是同时多开持久连接。这也产生了很多的网页优化技巧。例如，合并脚本和样式表、将图片嵌入 CSS 代码、域名分片等。如果 HTTP 设计得更好一些，这些额外的工作是可以避免的。

4.4.4　SPDY 协议

2009 年，Google 公司公开了自行研发的 SPDY 协议，主要解决了 HTTP 1.1 版效率不高的问题。

这个协议在 Chrome 浏览器上被证明是可行的以后，就被当作 HTTP 2 的基础，主要特性都在 HTTP 2 之中得到继承。

4.4.5　HTTP 2

2015 年，HTTP 2 发布。它不称作 HTTP 2.0，这是因为标准委员会不打算再发布子版本了，下一个新版本将是 HTTP 3。

1. 二进制协议

HTTP 1.1 版的头信息肯定是文本（ASCII 编码），数据体可以是文本，也可以是二进制。HTTP 2 则是一个彻底的二进制协议，头信息和数据体都是二进制，并且统称为"帧"（Frame）：头信息帧和数据帧。

二进制协议的一个好处是，可以定义额外的帧。HTTP 2 定义了近十种帧，为将来的高级应用奠定了基础。如果使用文本实现这种功能，解析数据将会变得非常麻烦，二进制解析则方便许多。

2. 多工

HTTP 2 复用 TCP 连接,在一个连接里,客户端和浏览器都可以同时发送多个请求或回应,而且不用按照顺序一一对应,这样就避免了"队头堵塞"。

举例来说,在一个 TCP 连接里面,服务器同时收到了 A 请求和 B 请求,于是先回应 A 请求,结果发现处理过程非常耗时,于是就发送 A 请求已经处理好的部分,接着回应 B 请求,完成后,再发送 A 请求剩下的部分。

这样双向的、实时的通信,就称为多工方式(Multiplexing)。

3. 数据流

因为 HTTP 2 的数据包是不按照顺序发送的,同一个连接里面连续的数据包,可能属于不同的回应。因此,必须要对数据包做标记,指出它属于哪个回应。

HTTP 2 将每个请求或回应的所有数据包,称为一个数据流。每个数据流都有一个独一无二的编号。数据包发送的时候,都必须标记数据流 ID,用来区分它属于哪个数据流。另外还规定,客户端发出的数据流,ID 一律为奇数;服务器发出的,ID 一律为偶数。

数据流发送到一半的时候,客户端和服务器都可以发送信号(RST_STREAM 帧),取消这个数据流。HTTP 1.1 版取消数据流的唯一方法,就是关闭 TCP 连接。这就是说,HTTP 2 可以取消某一次请求,同时保证 TCP 连接还打开着,可以被其他请求使用。

客户端还可以指定数据流的优先级。优先级越高,服务器就会越早回应。

4. 头信息压缩

HTTP 不带有状态,每次请求都必须附上所有信息。所以,请求的很多字段都是重复的。例如,Cookie 和 User Agent,一模一样的内容,每次请求都必须附带,这会浪费很多带宽,也影响速度。

HTTP 2 对这一点做了优化,引入了头信息压缩机制。一方面,头信息使用 gzip 或 compress 压缩之后再发送;另一方面,客户端和服务器同时维护一张头信息表,所有字段都会存入这个表,生成一个索引号,以后就不必发送同样字段了,只发送索引号,这样就提高了速度。

5. 服务器推送

HTTP 2 允许服务器未经请求就可以主动向客户端发送资源,这称为服务器推送。

常见场景是客户端请求一个网页,这个网页里面包含很多静态资源。正常情况下,客户端必须收到网页后,解析 HTML 源码,发现有静态资源,再发出静态资源请求。其实,服务器可以预期到客户端请求网页后很可能会再请求静态资源,所以就主动把这些静态资源随着网页一起发给客户端了。

4.5 HTTP 格式

4.5.1 URI 结构

HTTP 使用统一资源标识符(URI)来传输数据和建立连接。URL(统一资源定位符)是一种特殊种类的 URI,包含了用于查找的资源的足够的信息,人们一般用的就是 URL,而一个完整的 URL 包含下面几部分。

```
http://mall.plap.cn:80/products/76.html? name=qxf&password=123#first
```

说明:

(1) 协议部分:该示例 URL 的协议部分为 http:,表示网页用的是 HTTP,后面的//为分隔符。

(2) 域名部分:该示例域名是 mall.plap.cn,发送请求时,需要向 DNS 服务器解析 IP。如果为了优化请求,可以直接用 IP 作为域名部分使用。

(3) 端口部分:域名后面的 80 表示端口,和域名之间用冒号“:”分隔,端口不是 URL 必须有的部分。如果端口是 80,可以省略不写。

(4) 虚拟目录部分:从域名的第一个斜杠“/”开始到最后一个斜杠“/”为止是虚拟目录的部分。其中,虚拟目录也不是 URL 必有的部分,本例中的虚拟目录是/products/。

(5) 文件名部分:从域名最后一个斜杠“/”开始到问号“?”为止是文件名部分;如果没有问题“?”,则从域名最后一个“/”开始到“#”为止是文件名部分;如果没有“?”和“#”,那么就从域名的最后一个“/”从开始到结束都是文件名部分。本例中的文件名是 76.html,文件名也不是一个 URL 的必有部分,如果没有文件名则使用默认文件名。

(6) 锚部分:从“#”开始到最后都是锚部分。本部分的锚部分是 first,锚也不是一个 URL 必须具有的部分。

(7) 参数部分:从“?”开始到“#”为止的部分是参数部分,又称为搜索部分或查询部分。本例中的参数是 name=qxf&password=123,如果有多个参数,各个参数之间用“&”作为分隔符。

4.5.2 HTTP 消息

通常 HTTP 消息包括客户机向服务器的请求消息以及服务器向客户机的响应消息。这两种类型的消息由一个起始行、一个或者多个头域、一个指示头域结束的空行和可选的消息体组成。HTTP 的头域包括通用头、请求头、响应头和实体头 4 个部分。每个头域由一个域名、冒号":"和域值 3 个部分组成。域名是大小写无关的,域值前可以添加任何数量的空格符,头域可以被扩展为多行,在每行开始处至少使用一个空格或制表符。

4.5.3 HTTP 通用头域

通用头域包含请求和响应消息都支持的头域,主要包括 Cache-Control、Connection、Date、Pragma、Transfer-Encoding、Upgrade、Via。对通用头域的扩展要求通信双方都支持此扩展,如果存在不支持的通用头域,一般将会作为实体头域处理。下面简单介绍几个在 UPnP 消息中使用的通用头域。

1. Cache-Control 头域

Cache-Control 指定请求和响应遵循的缓存机制。在请求消息或响应消息中设置 Cache-Control 并不会修改另一个消息处理过程中的缓存处理过程。请求时的缓存指令包括 no-cache、no-store、max-age、max-stale、min-fresh、only-if-cached,响应消息中的指令包括 public、private、no-cache、no-store、no-transform、must-revalidate、proxy-revalidate、max-age。其中部分消息中的指令含义如下。

- public:指示响应可被任何缓存区缓存。
- private:指示对于单个用户的整个或部分响应消息,不能被共享缓存处理。这允许服务器仅仅描述当前用户的部分响应消息,此响应消息对于其他用户的请求无效。
- no-cache:指示请求或响应消息不能缓存。
- no-store:用于防止重要的信息被无意发布。在请求消息中发送将使得请求和响应消息都不使用缓存。
- max-age:指示客户机可以接收生存期不大于指定时间(以秒为单位)的响应。
- min-fresh:指示客户机可以接收响应时间小于当前时间加上指定时间的响应。
- max-stale:指示客户机可以接收超出超时期间的响应消息。如果指定 max-stale 消息的值,那么客户机可以接收超出超时指定值之内的响应消息。

Keep-Alive 功能使客户端到服务器端的连接持续有效,当出现对服务器的后继请求时,Keep-Alive 功能避免了建立连接或者重新建立连接。市场上的大部分 Web 服务器,包括 iPlanet、IIS 和 Apache,都支持 HTTP Keep-Alive 功能。对于提供静态内容的网站来说,这个功能通常很有用。但是,对于负担较重的网站来说,这里存在另外一个问题:虽然为客户保留打开的连接有一定的好处,但它同样影响了性能,因为在处理暂停期间,本来可以释放的资源仍旧被占用。当 Web 服务器和应用服务器在同一台机器上运行时,Keep-Alive 功能对资源利用的影响尤其突出。

KeepAliveTime 值控制 TCP/IP 尝试验证空闲连接是否完好的频率。如果这段时间内没有活动,则会发送保持活动信号。如果网络工作正常,而且接收方是活动的,它就会响应。如果需要对丢失接收方敏感,换句话说,需要更快地发现丢失了接收方,则请考虑减小这个值。如果长期不活动的空闲连接出现次数较多,而丢失接收方的情况出现较少,则可能会要提高该值以减少开销。默认情况下,如果空闲连接 7 200 000ms(2h)内没有活动,Windows 就会发送保持活动的消息。通常,1 800 000ms 是首选值,从而一半的已关闭连接会在 30min 内被检测到。KeepAliveInterval 值定义了如果未从接收方收到保持活动消息的响应,TCP/IP 重复发送保持活动信号的频率。当连续发送保持活动信号,但未收到响应的次数超出 TcpMaxDataRetransmissions 的值时,则会放弃该连接。如果期望较长的响应时间,则需要提高该值以减少开销。如果需要减少花在验证接收方是否已丢失上的时间,则要考虑减小该值或 TcpMaxDataRetransmissions 值。默认情况下,在未收到响应而重新发送保持活动的消息之前,Windows 会等待 1000ms(1s)。KeepAliveTime 根据用户的需要设置就行,如 10min,注意要转换成 ms(毫秒)。

2. Date 头域

Date 头域表示消息发送的时间,时间的描述格式由 RFC 822 定义。例如,Date:Mon, 31 Dec 2001 04:25:57 GMT。Date 描述的时间表示世界标准时间,换算成本地时间就需要知道用户所在的时区。

3. Pragma 头域

Pragma 头域用来包含实现特定的指令,最常用的是 Pragma:no-cache。在 HTTP 1.1 中,它的含义和 Cache-Control:no-cache 相同。

4.5.4 Request 消息

HTTP 的请求(Request)消息由请求行、请求头部、空行和请求正文 4 个部分组成,如图 4-3 所示。

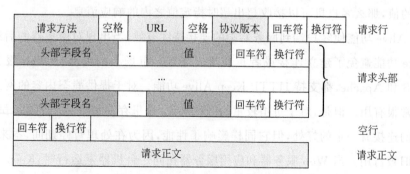

图 4-3　HTTP Request 消息结构组成

HTTP Request 消息结构：

```
GET /products/76.html?name=qxf&password=123 HTTP/1.1
Host: mall.plap.cn
Upgrade-Insecure-Requests: 1
User-Agent: Mozilla/5.0 (Macintosh; Intel Mac OS X 10_11_5) AppleWebKit/537.36
(KHTML, like Gecko) Chrome/56.0.2924.87 Safari/537.36
Accept: text/html,application/xhtml+xml,application/xml;q=0.9,image/webp,*/
*;q=0.8
Accept-Encoding: gzip, deflate, sdch
Accept-Language: zh-CN,zh;q=0.8,en;q=0.6
//空行
//空行
```

说明：

（1）请求行：GET 为请求类型，/products/76.html?name＝qxf&password＝123 为要访问的资源，HTTP 1.1 是协议版本。

（2）请求头部：从第二行起为请求头部，Host 指出请求的目的地（主机域名）；User-Agent 是客户端的信息，它是检测浏览器类型的重要信息，由浏览器定义，并且在每个请求中自动发送。

（3）空行：请求头部后面必须有一个空行。

（4）请求正文：又称请求体，可以添加任意的其他数据。上述例子的请求体为空。

4.5.5　Response 消息

一般情况下，服务器收到客户端的请求后，就会有一个 HTTP 的响应（Response）消息，HTTP Response 消息由状态行、响应头部、空行和响应正文 4 部分组成，如图 4-4 所示。

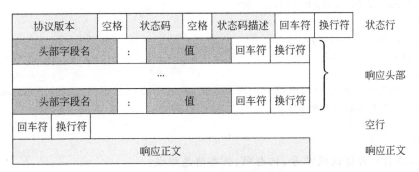

图 4-4　HTTP Response 消息结构组成

HTTP Response 消息示例如图 4-5 所示。

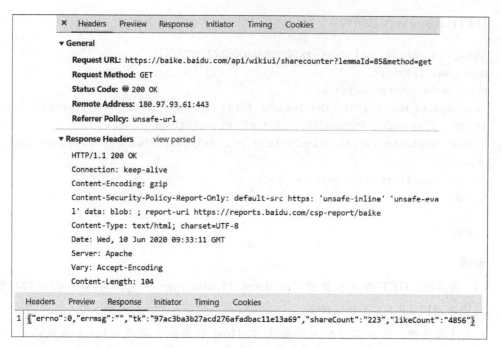

图 4-5 HTTP Response 消息示例

HTTP Response 消息结构：

```
HTTP/1.1 200 OK
Connection: keep-alive
Content-Encoding: gzip
Content-Security-Policy-Report-Only: default-src https: 'unsafe-inline'
'unsafe-eval' data: blob: ; report-uri
https://reports.baidu.com/csp-report/baike
Content-Type: text/html; charset=UTF-8
Date: Wed, 10 Jun 2020 09:33:11 GMT
Server: Apache
Vary: Accept-Encoding
Content-Length: 104
…//空行
{"errno":0,"errmsg":"","tk":"97ac3ba3b27acd276afadbac11e13a69","shareCount":
"223","likeCount":"4856"}
```

说明：

（1）状态行：由协议版本号、状态码、状态消息组成。

（2）响应头部：是客户端可以使用的一些信息。例如，Date（生成响应的日期）、Content-Type（MIME 类型及编码格式）、Connection（默认是长连接）等。

（3）空行：响应头部和响应正文之间必须有一个空行。

（4）响应正文：又称响应体，本例中是键值对信息。

4.5.6　状态码

HTTP 的状态码由 3 位数字组成,第一个数字定义了响应的类别,共有以下 5 种类别。

(1) 1xx:指示信息。表示请求已接收,继续处理。

(2) 2xx:成功。表示请求已被成功接收、理解、接受。

(3) 3xx:重定向。要完成请求必须进行更进一步的操作。

(4) 4xx:客户端错误。请求有语法错误或请求无法实现。

(5) 5xx:服务器端错误。服务器未能实现合法的请求。

其中,常用的状态码如下。

```
200 OK                        //客户端请求成功
400 Bad Request               //客户端请求有语法错误,不能被服务器所理解
401 Unauthorized              //请求未经授权,必须与 WWW-Authenticate 报头域一起使用
403 Forbidden                 //服务器收到请求,但是拒绝提供服务
404 Not Found                 //请求资源不存在,输入了错误的 URL
500 Internal Server Error     //服务器发生不可预期的错误
503 Server Unavailable        //服务器当前不能处理客户端的请求,一段时间后可能恢复正常
```

了解更多的状态码,请参考线上资源的"HTTP 报文选项"相关内容。

4.5.7　请求方法

HTTP 定义了多种请求方法,以满足各种需求。HTTP 1.0 定义了 3 种请求方法:GET、POST 和 HEAD。到了 HTTP 1.1,新增了 5 种请求方法:PUT、DELETE、OPTIONS、TRACE 和 CONNECT。各种请求方法的具体功能描述如下。

- GET:请求指定的页面信息,并返回实体主体。
- HEAD:类似于 GET 请求,只不过返回的响应中没有具体的内容,用于获取报头。
- POST:向指定资源提交数据进行处理请求(如提交表单或上传文件)。数据被包含在请求体中。POST 请求可能会导致新的资源的建立或已有资源的修改。
- PUT:从客户端向服务器传送的数据取代指定的文档的内容。
- DELETE:请求服务器删除指定的页面。
- OPTIONS:允许客户端查看服务器的性能。
- TRACE:回显服务器收到的请求,主要用于测试或诊断。
- CONNECT:HTTP 1.1 中预留给能够将连接改为管道方式的代理服务器。

在实际应用过程中,GET 和 POST 使用得比较多,下面介绍二者的区别。

1) GET 和 POST 请求参数的区别

GET 请求会把请求的参数拼接在 URL 后面,以问号"?"分隔,多个参数之间用"&"连

接；如果是英文或数字，则原样发送；如果是空格或中文，则用 Base64 编码。

POST 请求会把提交的数据放在请求体中，不会在 URL 中显示出来。

2）GET 和 POST 传输数据大小的区别

GET：浏览器和服务器会限制 URL 的长度，所以传输的数据有限，一般是 2KB。

POST：由于数据不是通过 URL 传递，所以一般可以传输较大容量的数据。

3）GET 和 POST 数据解析方面的区别

GET：通过 Request.QueryString 获取变量的值。

POST：通过 Request.form 获取变量的值。

4）GET 和 POST 安全性方面的区别

GET：请求参数在 URL 后面，可以直接看到，尤其是登录时，如果登录界面被浏览器缓存，其他人就可以通过查看历史记录，得到账户和密码。

POST：请求参数在请求体里面传输，无法直接拿到，相对 GET 安全性较高；但是，通过抓包工具，还是可以看到请求参数的。

4.5.8　HTTP Cookie

1. 概述

Cookie 通常也称为网站 Cookie、浏览器 Cookie 或 HTTP Cookie，是保存在用户浏览器端的，并在发出 HTTP 请求时会默认携带的一段文本片段。它可以用来进行用户认证、服务器校验等通过文本数据可以处理的问题。

Cookie 不是软件，所以它不能被携带病毒，不能执行恶意脚本，不能在用户主机上安装恶意软件。但是，它们可以被间谍软件用来跟踪用户的浏览行为。所以，近年来，已经有欧洲和美国的一些律师以保护用户隐私之名对 Cookie 的种植宣战。更严重的是，黑客可以通过偷取 Cookie 获取受害者的账号控制权。

2. Cookie 的类别

下面介绍几种常用的 Cookie 的类别。

1）Session Cookie

这个类型的 Cookie 只在会话期间内有效。也就是说，当关闭浏览器的时候，它会被浏览器删除。设置 Session Cookie 的办法是，在创建 Cookie 时不设置 Expires。

2）Persistent Cookie

Persistent Cookie 即持久型 Cookie，顾名思义，就是会长期在用户会话中生效。当设置 Cookie 的属性 Max-Age 为一个月时，则在这个月里每个相关 URL 的 HTTP 请求中都会带有这个 Cookie。所以，它可以记录很多用户初始化或自定义的信息，如什么时候第一次登录及弱登录态等。

3）Secure Cookie

Secure Cookie 即安全 Cookie，是在 HTTPS 访问下的 Cookie 形态，以确保 Cookie 在从客户端传递到服务器的过程中始终加密的。这样做大大地降低了 Cookie 内容直接暴露在黑客面前以及被盗取的概率。

4）HttpOnly Cookie

目前主流的浏览器已经都支持了 HttpOnly Cookie，例如 IE5＋、Firefox 1.0＋、Opera 8.0＋、Safari、Chrome 等。在支持 HttpOnly 的浏览器上，设置成 HttpOnly 的 Cookie 只能在 HTTP（HTTPS）请求上传递。也就是说，HttpOnly Cookie 对客户端脚本语言（JavaScript）无效，从而避免了跨站攻击时偷取 Cookie 的情况。当使用 JavaScript 在设置同样名字的 Cookie 时，只有原来的 HttpOnly 值会传送到服务器。

5）第三方 Cookie

第一方 Cookie 是 Cookie 种植在浏览器地址栏的域名或子域名下的，而第三方 Cookie 则是种植在不同于浏览器地址栏的域名下的。例如，用户访问 a.com 时，在 ad.google.com 设置了一个 Cookie，在访问 b.com 的时候，也在 ad.google.com 设置了一个 Cookie。这种场景经常出现在 Google Adsense、阿里巴巴之类的广告服务商。广告商就可以采集用户的一些习惯和访问历史。

6）Super Cookie

Super Cookie 即超级 Cookie，是设置公共域名前缀上的 Cookie。通常 a.b.com 的 Cookie 可以设置在 a.b.com 和 b.com，而不允许设置在.com 上。但是，历史上一些老版本的浏览器因为对新增后缀过滤不足导致过超级 Cookie 的产生。

7）Zombie Cookie

Zombie Cookie 即僵尸 Cookie，是指那些删不掉的或者删掉会自动重建的 Cookie。僵尸 Cookie 依赖于其他本地存储方法，例如 Flash 的 Share Object、HTML 5 的 Local Storages 等，当用户删除 Cookie 以后，也自动地从其他本地存储方法里读取 Cookie 的备份，并重新种植。

3. Cookie 用途

Cookie 的主要用途如下。

1）会话管理

（1）记录用户的登录状态是 Cookie 最常用的用途。通常 Web 服务器会在用户登录成功后下发一个签名来标记 Session 的有效性，这样免去了用户多次认证和登录网站。

（2）记录用户的访问状态。例如，导航、用户的注册流程。

2）个性化信息

（1）Cookie 也经常用来记忆用户相关的信息，以方便用户使用和自己相关的站点服务。

例如,ptlogin 会记忆上一次登录的用户的 QQ 号码,这样在下次登录的时候会默认填写好这个 QQ 号码。

(2) Cookie 也被用来记忆用户自定义的一些功能。用户在设置自定义特征的时候,仅仅是保存在用户的浏览器中,在下一次访问时,服务器会根据用户本地的 Cookie 来给出用户的设置。例如,Google 公司将搜索设置(使用语言、每页的条数及打开搜索结果的方式等)保存在一个 Cookie 里。

3) 记录用户的行为

最典型的是 TCSS 系统,它使用 Cookie 来记录用户的点击流和某个产品或商业行为的操作率和流失率。当然,该功能可以通过 IP 或 HTTP Header 中的 Referrer 实现,但是 Cookie 会更精准。

4. 工作流程

HTTP Cookie 的工作流程如图 4-6 所示。

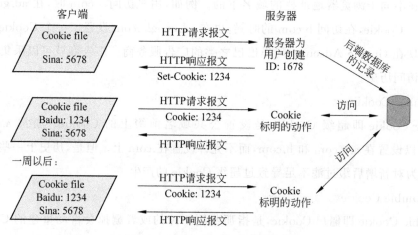

图 4-6 HTTP Cookie 的工作流程

1) Cookie 的属性

一般 Cookie 具有如下属性。

- Domain:域,表示当前 Cookie 属于哪个域或哪个子域下面。需要注意的是,在 C♯中如果一个 Cookie 不设置对应的 Domain,那么在 CookieContainer.Add(Cookies)的时候 Cookie 会失效。对于服务器返回的 Set-Cookie 中,如果没有指定 Domain 的值,那么其 Domain 的值是默认为当前所提交的 HTTP 的请求所对应的主域名的。例如,访问 http://www.example.com,返回一个 Cookie。如果没有指名 Domain 值,那么其值为默认的 www.example.com。

- Path:表示 Cookie 的所属路径。

- Expire time/Max-age:表示 Cookie 的有效期。Expire time 的值是一个时间,过了这

个时间该 Cookie 就失效了。或者是用 Max-age 指定当前 Cookie 是在多长时间之后失效。如果服务器返回的一个 Cookie 没有指定其 Expire time,那么表明此 Cookie 只在当前的 Session 有效,也就是 Session Cookie。当前 Session 会话结束后就过期了。对应的,当关闭(浏览器中)该页面时,此 Cookie 就应被浏览器删除。

- Secure:表示该 Cookie 只能用 HTTPS 传输。一般用于包含认证信息的 Cookie,要求传输此 Cookie 的时候必须用 HTTPS 传输。
- HttpOnly:表示此 Cookie 必须用于 HTTP 或 HTTPS 传输。这意味着,浏览器脚本(如 JavaScript)是不允许访问操作此 Cookie 的。

2) 服务器发送 Cookie 给客户端

从服务器端发送 Cookie 给客户端是对应的 Set-Cookie,包括对应的 Cookie 的名称、值以及各个属性。例如:

```
Set-Cookie: lu=Rg3vHJZnehYLjVg7qi3bZjzg; Expires=Tue, 15 Jan 2013 21:47:38 GMT;
Path=/; Domain=.169it.com; HttpOnly
Set-Cookie: made_write_conn=1295214458; Path=/; Domain=.169it.com
Set-Cookie: reg_fb_gate=deleted; Expires=Thu, 01 Jan 1970 00:00:01 GMT;
Path=/; Domain=.169it.com; HttpOnly
```

3) 从客户端把 Cookie 发送到服务器

从客户端发送 Cookie 给服务器的时候是不发送 Cookie 各个属性的,而只是发送对应的名称和值。例如:

```
GET /spec.html HTTP/1.1
Host: www.example.org
Cookie: name=value; name2=value2
Accept: */*
```

4) 关于修改、设置 Cookie

除了服务器发送给客户端(浏览器)时通过 Set-Cookie 创建或更新对应的 Cookie 之外,还可以通过浏览器内置的一些脚本(比如 JavaScript)去设置对应的 Cookie,对应实现是操作 JS 中的 Document.Cookie。

5) Cookie 的缺陷

Cookie 还存在以下缺陷。

(1) Cookie 会被附加在每个 HTTP 请求中,所以无形中增加了流量。

(2) 由于在 HTTP 请求中的 Cookie 是明文传递的,所以安全性成问题(除非用 HTTPS)。

(3) Cookie 的大小限制在 4KB,对于复杂的存储需求来说是不够用的。

4.5.9 安全的 HTTP——HTTPS

1. HTTPS 简介

HTTP 以明文方式发送内容,不提供任何方式的数据加密,如果攻击者截取了 Web 浏览器和网站服务器之间的传输报文,就可以直接读懂其中的信息,因此 HTTP 不适合传输一些敏感信息,如信用卡号、密码等。为了解决 HTTP 的这一缺陷,需要使用另一种协议,即安全套接字层超文本传输协议(Hyper Text Transfer Protocol over Secure Socket Layer, HTTPS)。

HTTPS 是以安全为目标的 HTTP 通道,简单地讲就是 HTTP 的安全版。为了数据传输的安全,HTTPS 在 HTTP 的基础上加入了 SSL 协议,SSL 依靠证书来验证服务器的身份,并为浏览器和服务器之间的通信加密。这个系统最初由网景(Netscape)公司研发,并内置于其浏览器 Netscape Navigator 中,提供身份验证与加密通信方法。现在它被广泛地应用于万维网上安全敏感的通信,如交易支付方面。

最初,HTTPS 是与 SSL 一起使用的;在 SSL 逐渐演变到 TLS 时,最新的 HTTPS 也由在 2000 年 5 月公布的 RFC 2818 正式确定下来。

HTTPS 主要作用有两种:一是建立一个信息安全通道,来保证数据传输的安全;二是确认网站的真实性,凡是使用了 HTTPS 的网站,都可以通过单击浏览器地址栏的锁头标志来查看网站认证之后的真实信息,也可以通过 CA 机构颁发的安全签章来查询。

2. SSL 协议

SSL(Secure Sockets Layer,安全套接字层)及其继任者 TLS(Transport Layer Security,传输层安全)是为网络通信提供安全及数据完整性的一种安全协议。SSL 与 TLS 在传输层对网络连接进行加密。

SSL 为 Netscape 公司所研发,用以保障在 Internet 上数据传输的安全,利用数据加密(Encryption)技术,可确保数据在网络传输过程中不会被截取及窃听。目前,一般通用的规格为 40bit 安全标准,美国则已经推出 128bit 更高安全标准,但限制出境。只要 3.0 版本以上的 IE 或 Netscape 浏览器即可支持 SSL。

当前,SSL 版本为 3.0,它已被广泛地用于 Web 浏览器与服务器之间的身份认证和加密数据传输。

SSL 协议位于 TCP/IP 与各种应用层协议之间,为数据通信提供安全支持。SSL 协议可分为两层:①SSL 记录协议(SSL Record Protocol),它建立在可靠的传输协议(如 TCP)上,为高层协议提供数据封装、压缩、加密等基本功能的支持;②SSL 握手协议(SSL Handshake Protocol),它建立在 SSL 记录协议上,用于在实际的数据传输开始前,通信双方进行身份认证、协商加密算法、交换加密密钥等。

SSL 协议主要提供以下服务。

(1) 认证用户和服务器,确保数据发送到正确的客户机和服务器。

(2) 加密数据,以防止数据中途被窃取。

(3) 维护数据的完整性,确保数据在传输过程中不被改变。

3. HTTPS 通信流程

HTTPS 是安全的 HTTP 通道,即在 HTTP 通信中加入了 SSL 层(当前版本是 TLS 1.2),通信的数据被加密了,以防止被窃取,具体的通信过程如图 4-7 所示。

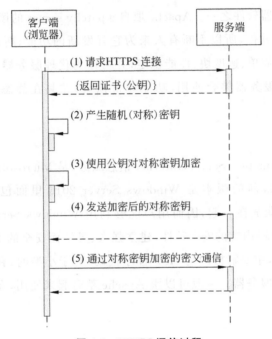

图 4-7　HTTPS 通信过程

HTTPS 使用的加密方式结合了对称加密和不对称加密的特点,在保证安全的情况下提高了传输效率。

4. HTTP 和 HTTPS 的区别

HTTP 和 HTTPS 的主要区别如下。

(1) HTTPS 协议需要到 CA 申请证书,一般免费证书很少,需要交费。

(2) HTTP 的信息是明文传输,HTTPS 则是具有安全性的 SSL 加密传输协议。

(3) HTTP 和 HTTPS 用的端口不一样,HTTP 使用的端口是 80,HTTPS 使用的端口是 443。

(4) HTTP 的连接很简单,是无状态的;而 HTTPS 协议是由 SSL＋HTTP 构建的、可进行加密传输、身份认证的网络协议,比 HTTP 协议更安全。

4.6 常用的 Web 服务器

下面介绍常用的 Web 服务器。

1. Apache

Apache 是目前使用最为广泛且免费开源的 Web 服务器软件。它可以运行在几乎所有广泛使用的计算机平台上。Apache 源于 NCSA HTTPd 服务器,经过多次修改,成为世界上最流行的 Web 服务器软件之一。Apache 取自 a patchy server 的读音,意思是充满补丁的服务器,因为它是自由软件,所以不断有人来为它开发新的功能、新的特性,修改原来的缺陷。Apache 的特点是简单、速度快、性能稳定,并可作为代理服务器来使用。一般情况下,Apache 与其他 Web 服务器整合使用,功能非常强大,尤其在静态页面处理速度上表现优异。

2. IIS

IIS(Internet Information Server,Internet 信息服务)是 Microsoft 公司主推的一款免费的 Web 服务器,目前最新的版本是 Windows Server 2016 里面包含的 IIS 10.0,IIS 与 Windows Server 完全集成在一起,因而用户能够利用 Windows Server 和 NTFS(NT File System,NT 的文件系统)内置的安全特性,建立强大、灵活而安全的 Internet 和 Intranet 站点。IIS 安装配置简单,主要解析的是 ASP 程序代码,对于小型的、利用 ASP 编程的项目,可以采用其作为 Web 服务器。一般可以跟 Apache 整合起来使用,在配置过程中需要注意权限问题。

3. GFE

GFE 是 Google 公司的 Web 服务器,目前用户数量激增,紧逼 IIS。

4. Nginx

Nginx 不仅是一个小巧且高效的 HTTP 服务器,也可以作为一个高效的负载均衡反向代理服务器,通过它接受用户的请求并分发到多个 Mongrel 进程,可以极大提高 Rails 应用的并发能力。

5. Lighttpd

Lighttpd 是由德国人 Jan Kneschke 领导开发的、基于 BSD 许可的开源 Web 服务器软件,其目的是提供一个专门针对高性能网站,安全、快速、兼容性好且灵活的 Web 服务器环境。Lighttpd 具有非常低的内存开销、CPU 占用率低、效能好以及丰富的模块等特点,是众多 OpenSource 轻量级的 Web 服务器中较为优秀的一个,支持 FastCGI、CGI、Auth 以及输出压缩、URL 重写、Alias 等重要功能。

6. Tomcat

Tomcat 是 Apache 软件基金会(Apache Software Foundation)的 Jakarta 项目中的一个核心项目,由 Apache、Sun 和其他一些公司及个人共同开发而成,是目前使用量名列前茅、免费的 Java 服务器,主要处理的是 JSP 页面和 Servlet 文件。由于有了 Sun 公司的参与和支持,最新的 Servlet 和 JSP 规范总能在 Tomcat 中得到体现。Tomcat 常常与 Apache 整合起来使用,Apache 处理静态页面,如 HTML 页面;而 Tomcat 负责编译处理 JSP 页面与 Servlet。在静态页面处理能力上,Tomcat 不如 Apache。因为 Tomcat 技术先进、性能稳定而且免费,因而深受 Java 爱好者的喜爱,并得到了部分软件开发商的认可,成为目前比较流行的 Web 应用服务器。熟练掌握 Tomcat 的使用是非常必要的,熟练安装配置 Tomcat 是软件测试工程师的必备技能。

7. Zeus

Zeus 是一个运行于 UNIX 下的非常优秀的 Web 服务器,性能超过 Apache,是效率最高的 Web 服务器之一。

8. Sun 公司 Java 系统 Web 服务器

Sun 公司 Java 系统 Web 服务器也就是以前的 Sun ONE Web Server,主要用在运行 Sun 公司的 Solaris 操作系统的关键任务级 Web 服务器上。它最新的版本是 6.1,支持 x86 版本 Solaris、Red Hat Linux、HP-UX 11i、IBM AIX 以及 Windows,但它的大多数用户都选择了 SPARC 版本的 Solaris 操作系统。

9. Jboss

Jboss 是 Red Hat 的产品(Red Hat 于 2006 年收购了 Jboss)。与 Tomcat 相比,Jboss 更专业。Jboss 是一个管理 EJB 的容器和服务器,支持 EJB 1.1、EJB 2.0 和 EJB 3.0 的规范,本身不支持 JSP/Servlet,需要与 Tomcat 集成才行。一般下载的都是这两个服务器的集成版。与 Tomcat 一样,Jboss 也是开源免费的。Jboss 在性能上的表现相对于单个 Tomcat 要好些。当然这也并非是绝对的,因为 Tomcat 做成集群,所以威力不容忽视。Jboss 没有图形界面,也不需要安装,下载后解压,配置好环境变量后即可使用。

10. Resin

Resin 是 CAUCHO 公司的产品,它也是一个常用的、支持 JSP/Servlet 的引擎,速度非常快,不仅表现在对动态内容的处理上,还包括对静态页面的处理上。Tomcat、Jboss 在静态页面上的处理能力明显不足,一般都需要跟 Apache 进行整合使用。而 Resin 可以单独使用,当然 Resin 也可以与 Apache 和 IIS 整合使用。

11. Jetty

Jetty 是一个开源的 Servlet 容器,它是基于 Java 的 Web 内容,例如为 JSP 和 Servlet 提

供运行环境。Jetty 是使用 Java 语言编写的,它的 API 以一组 JAR 包的形式发布。开发人员可以将 Jetty 容器实例化成一个对象,可以迅速为一些独立运行的 Java 应用提供网络和 Web 连接。

12. BEA WebLogic

WebLogic 是 BEA 公司的产品,用于开发、集成、部署和管理大型分布式 Web 应用、网络应用和数据库应用的 Java 应用服务器,可以将 Java 的动态功能和 Java Enterprise 标准的安全性引入大型网络应用的开发、集成、部署和管理中。BEA WebLogic 服务器拥有处理关键 Web 应用系统问题所需的性能,具有可扩展性和高可用性。与前面的几种小型 Web 服务器相比,BEA WebLogic 更具专业性,但安装配置也更为复杂。BEA WebLogic 是一个商业软件,使用是收费的,费用比较高。

13. WebSphere

WebSphere 是 IBM 公司的产品,是 Internet 的基础架构软件,也就是通常所说的中间件。它使企业能够开发、部署和集成新一代电子商务应用(如 B2B 的电子交易),并且支持从简单的 Web 发布到企业级事务处理的商务应用。WebSphere 比 WebLogic 更专业,当然价格也更贵。一般部署在 IBM 专业的服务器上。

14. Node.js

Node.js 是一个 JavaScript 运行环境。实际上,它是对 Chrome V8 引擎进行了封装。Chrome V8 引擎执行 JavaScript 的速度非常快,性能非常好。Node.js 对一些特殊用例进行了优化,提供了可替代的 API,使得 Chrome V8 在非浏览器环境下运行得更好。Node.js 是一个基于 Chrome JavaScript 运行时建立的平台,用于方便地搭建响应速度快、易于扩展的网络应用。Node.js 使用事件驱动、非阻塞 I/O 模型而得以轻量和高效,非常适合在分布式设备上运行数据密集型的实时应用。

4.7 Web 服务器的管理

4.7.1 Web 服务器的安装

根据操作系统和 Web 服务器软件的不同,Web 服务器的安装包括以下几部分。

(1) Windows 环境下,Windows Server 2012 系统 IIS 服务的安装。

(2) Windows 环境下,Apache 服务器的安装。

(3) Windows 环境下,Tomcat 服务器的安装。

(4) Windows 环境下,Nginx 服务器的安装。

（5）Linux 环境下，CentOS 7 平台 Apache/Tomcat/Nginx 服务器的安装。

具体安装步骤详见与本书配套的《网络应用运维实验》一书。

4.7.2　Web 服务器的运维

1. 基本内容

Web 服务器运维的基本实验包括以下内容。

（1）Web 站点的创建。

（2）站点服务地址的设置。

（3）站点服务端口的设置。

（4）站点主机头的设置。

（5）主目录的设置。

（6）目录访问权限的设置。

（7）默认访问页面的设置。

（8）简单页面的编写。

（9）页面超级链接的设置。

2. 进阶内容

进阶实验包括以下内容。

（1）虚拟目录的设置。

（2）多站点部署。

（3）页面脚本的编写。

（4）页面 CSS 样式的控制。

4.8　Web 实验

Web 实验包括以下内容。

（1）创建新的 Web 站点。

（2）设置站点服务地址。

（3）设置站点服务端口。

（4）设置站点主机头。

（5）设置站点主目录。

（6）设置目录访问权限。

（7）通过文本编辑器编写简单页面。

（8）设置默认页面。

（9）设置虚拟目录。

（10）同时部署多个站点。

（11）编写个人主页，包含文本、图片、视频和背景音乐；通过 CSS 控制布局；通过 JavaScript 增加人机交互。

具体实验内容详见与本书配套的《网络应用运维实验》。

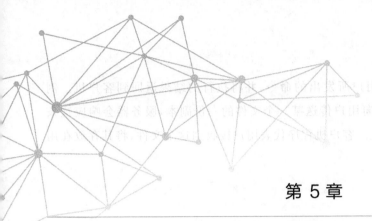

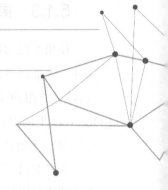

第 5 章

FTP 服务与应用

5.1 基础知识

5.1.1 FTP概述

FTP 是 File Transfer Protocol(文件传输协议)的英文简称,而中文简称为"文传协议"。FTP 作为网络共享文件的传输协议,在网络应用软件中具有广泛的应用。FTP 的目标是提高文件的共享性和可靠、高效地传送数据。

在 FTP 的使用中,经常遇到文件的下载和上传。用户可通过客户端程序向(从)远程主机上传(下载)文件。

在传输文件时,FTP 客户端程序先与服务器建立连接,然后向服务器发送命令。服务器收到命令后给予响应,并执行命令。FTP 与操作系统无关,任何操作系统上的程序只要符合FTP,就可以相互传输数据。

5.1.2 FTP服务器

简单地说,支持 FTP 的服务器就是 FTP 服务器。

与大多数 Internet 服务一样,FTP 也是一个客户机/服务器系统。用户通过一个支持FTP 的客户机程序,连接到在远程主机上的 FTP 服务器程序。用户通过客户机程序向服务器程序发出命令,服务器程序执行用户所发出的命令,并将执行的结果返回到客户机。例如,用户发出一条命令,要求服务器向用户传送某一个文件的一份副本,服务器会响应这条命令,将指定文件送至用户的机器上。客户机程序代表用户接收到这个文件,将其存放在用户目录中。

5.1.3 匿名 FTP

使用 FTP 时必须首先登录系统,在远程主机上获得相应的权限以后,方可下载或上传文件。也就是说,要想与某台计算机传送文件,就必须具有那台计算机的适当授权。换句话说,除非有用户 ID 和口令,否则便无法传送文件。这种情况违背了 Internet 的开放性,Internet 上的 FTP 主机何止千万台,不可能要求每个用户在每台主机上都拥有账号。匿名FTP 就是为解决这个问题而产生的。

匿名 FTP 是这样一种机制,用户可通过它连接到远程主机上,并从其下载文件,而无须成为其注册用户。系统管理员建立了一个特殊的用户 ID,名为 Anonymous,Internet 上的任何人在任何地方都可使用该用户 ID。

通过 FTP 程序连接匿名 FTP 主机的方式与连接普通 FTP 主机的方式差不多,只是在要求提供用户标识(ID)时必须输入 Anonymous,该用户 ID 的口令可以是任意字符串。习惯上,用自己的 E-mail 地址作为口令,使系统维护程序能够记录下来谁在存取这些文件。

值得注意的是,匿名 FTP 并不适用于所有的 Internet 主机,它只适用于那些提供了这项服务的主机。

当远程主机提供匿名 FTP 服务时,会指定某些目录向公众开放,允许匿名存取。系统中的其余目录则处于隐匿状态。作为一种安全措施,大多数匿名 FTP 主机都允许用户从其下载文件,而不允许用户向其上传文件。也就是说,用户可将匿名 FTP 主机上的所有文件全部复制到自己的机器上,但不能将自己机器上的任何一个文件复制至匿名 FTP 主机上。即使有些匿名 FTP 主机确实允许用户上传文件,用户也只能将文件上传至某一个指定的上传目录中。随后,系统管理员会去检查这些文件,他会将这些文件移至另一个公共下载目录中,供其他用户下载,利用这种方式,远程主机的用户得到了保护,避免了有人上传有问题的文件,如带病毒的文件。

5.1.4 用户分类

1. Real 账户

这类用户在 FTP 服务上拥有账号。当这类用户登录 FTP 服务器时,其默认的主目录就是其账号命名的目录。但是,其还可以变更到其他目录中去,如系统的主目录等。

2. Guest 用户

在 FTP 服务器中,人们往往会给不同的部门或者某个特定的用户设置一个账户。但是,这个账户有个特点,就是其只能够访问自己的主目录。服务器通过这种方式来保障 FTP 服务器上其他文件的安全。这类账户称为 Guest 用户。拥有这类账户的用户,只能访问其主目录下的目录,而不得访问主目录以外的文件。

3. Anonymous 用户

这也是人们通常所说的匿名访问。这类用户是指在 FTP 服务器中没有指定账户,但是其仍然可以匿名身份访问某些公开的资源。

在部署 FTP 服务器时,人们需要根据用户的类型对用户进行归类。默认情况下,一些 FTP 服务器会把建立的所有账户都归属为 Real 用户。但是,这往往不符合安全需要。因为这类用户不仅可以访问自己的主目录,而且还可以访问其他用户的目录,给其他用户所在的空间带来一定的安全隐患。所以,要根据实际情况修改用户所在的类别。

5.1.5　使用方式

在 TCP/IP 中,传输 FTP 标准命令的 TCP 端口号为 21,Port 方式传输数据的端口为 20。FTP 的任务是从一台计算机将文件传送到另一台计算机,不受操作系统的限制。

需要进行远程文件传输的计算机必须安装和运行 FTP 客户程序。在 Windows 操作系统的安装过程中,通常都安装了 TPC/IP 软件,其中就包含了 FTP 客户程序。但是,该程序是字符界面而不是图形界面,这就必须以命令提示符的方式进行操作,很不方便。

启动 FTP 客户程序工作的另一途径是使用浏览器,用户只需要在地址栏中输入如下格式的 URL 地址。

```
ftp://[用户名:口令@]ftp 服务器域名[:端口号]
```

在 CMD 命令行下,也可以用上述方法连接,通过 PUT 命令和 GET 命令达到上传和下载的目的,通过 LS 命令列出目录,除了上述方法外还可以在 CMD 命令下输入 ftp 后按 Enter 键,然后输入 open IP 来建立一个连接,此方法也适用于 Linux 下连接 FTP 服务器。

通过浏览器启动 FTP 的方法虽然可以使用,但是速度较慢,还会将密码暴露在浏览器中造成不安全。因此,一般都安装并运行专门的 FTP 客户程序,具体安装步骤如下。

(1) 在本地计算机上连接 Internet。

(2) 搜索有文件共享主机或者个人计算机(一般在专门的 FTP 服务器网站上公布,上面有进入该主机或个人计算机的名称、口令和路径)。

(3) 当与远程主机或者对方的个人计算机建立连接后,用对方提供的用户名和口令登录到该主机或对方的个人计算机。

（4）在远程主机或对方的个人计算机登录成功后，就可以上传想跟别人分享的东西或者下载别人授权共享的东西（这里的东西是指能放到计算机里去又能在显示屏上看到的内容）。

（5）完成工作后关闭 FTP 下载软件，切断连接。

5.2 FTP

相比其他协议（如 HTTP），FTP 要复杂一些。与一般的客户机/服务器（C/S）应用不同点在于一般的 C/S 应用程序一般只会建立一个 Socket（套接字）连接，这个连接同时处理服务器端和客户端的连接命令和数据传输。而在 FTP 中，命令与数据分开在两个连接中传送。

5.2.1 FTP 端口

FTP 使用两个服务端口，即一个数据端口和一个命令端口（也称为控制端口）。控制连接使用控制端口，用于传送命令，一般是 21；数据连接使用数据端口，用于传送数据，一般是 20。每一个 FTP 命令发送之后，FTP 服务器都会返回一个字符串，包括一个响应代码和一些说明信息。其中，响应代码主要是用于判断命令是否被成功执行了。

1. 命令端口

一般来说，客户端有一个 Socket 用来连接 FTP 服务器的控制端口，它负责 FTP 命令的发送和接收返回的响应信息。一些操作，如"登录""改变目录""删除文件"，依靠这个连接发送命令就可以完成。

2. 数据端口

对于有数据传输的操作，如显示目录列表以及上传、下载文件等，需要依靠另一个 Socket 来完成。

如果使用被动模式，通常服务器端会返回一个数据端口号。客户端需要新建一个 Socket 来连接这个端口，数据会通过这个新打开的数据端口传输。

如果使用主动模式，通常客户端会发送一个数据端口号给服务器端，并在这个端口监听。服务器需要使用数据端口（如 20）连接客户端的数据端口，建立数据连接，并进行数据传输。

5.2.2 传输方式

FTP 的任务是从一台计算机将文件传送到另一台计算机，它与这两台计算机所处的位置、连接的方式甚至与是否使用相同的操作系统无关。假设两台计算机通过 FTP 对话,人们可以用 FTP 命令来传输文件。不同操作系统其使用上可能存在一些细微差别,但是协议基本的命令结构是相同的。

FTP 的传输有两种方式: ASCII 传输方式和二进制传输方式。

1. ASCII 传输方式

假定用户正在复制的文件包含的是简单 ASCII 码文本,如果在远程机器上运行的是不同的操作系统,当文件传输时 FTP 通常会自动地调整文件的内容,以便把文件解释成对端计算机存储文本文件的格式。

但是,常常有这样的情况,用户正在传输的文件包含的不是文本,它们可能是程序、数据库、Office 文档或者压缩文件。此时,在复制任何非文本文件之前,需要用 BINARY 命令告诉 FTP 逐字复制,不要对文件进行格式转换。

2. 二进制传输方式

在二进制传输中,保存文件的位序,以便原始和复制的内容是逐位一一对应的。例如,Mac OS 以二进制方式传送可执行文件到 Windows 系统,在对方系统上此文件不能执行。

如果在 ASCII 方式下传输二进制文件,即使不需要也仍会转换,这将导致数据损坏。ASCII 方式一般假设每一字符的第一有效位无意义,因为 ASCII 字符不使用它。如果传输二进制文件,那么所有的位都是重要的。

3. ASCII 传输方式和二进制传输方式的区别

ASCII 传输方式和二进制传输方式的区别是回车换行的处理。二进制传输方式不对数据进行任何处理;而 ASCII 传输方式将回车换行转换为本机的回车字符,例如,UNIX 下是 \n,Windows 下是 \r\n,Mac OS 下是 \r。

5.2.3　工作模式

下面简单地介绍 FTP 的主动模式 PORT 和被动模式 PASV。

1. FTP 的主动模式 PORT

在 FTP 的主动模式下,客户端随机打开一个大于 1024 的端口 N 向服务器的命令端口 P(即 21 号端口)发起连接,同时开放 N+1 端口监听,并向服务器发出 PORT N+1 命令,由服务器从它自己的数据端口(20)主动连接到客户端指定的数据端口(N+1)。

FTP 的客户端只是告诉服务器自己的端口号,让服务器来连接客户端指定的端口。对于客户端的防火墙来说,这是从外部到内部的连接,可能会被阻塞。

2. FTP 的被动模式 PASV

为了解决服务器发起到客户的连接问题,有了另一种 FTP 连接方式,即 FTP 的被动模式。命令连接和数据连接都由客户端发起,这样就解决了从服务器到客户端的数据端口的连接被防火墙过滤的问题。

在 FTP 的被动模式下,当开启一个 FTP 连接时,客户端打开两个任意的本地端口(N> 1024 和 N+1)。

第一个端口连接服务器的 21 号端口,提交 PASV 命令。然后,服务器会开启一个任意的端口(P>1024),返回如 227 entering passive mode(127,0,0,1,4,18)。它返回了 227 开头的信息,在括号中有以逗号隔开的 6 个数字,前 4 个数字指服务器的地址;对于最后两个数字,先将倒数第二个数字乘以 256 再加上最后一个数字就是 FTP 服务器开放的、用来进行数据传输的端口。例如,得到 227 entering passive mode (h1,h2,h3,h4,p1,p2),那么数据端口号是 p1×256+p2,IP 地址为 h1.h2.h3.h4。这意味着在服务器上有一个端口被开放。客户端收到命令取得端口号之后,会通过 N+1 号端口连接服务器的端口 P,然后在两个端口之间进行数据传输。

5.2.4 常用的 FTP 命令

FTP 每条命令都由 3~4 个字母组成,命令后面跟参数,用空格分开。每条命令都以 "\r\n"结束。

要下载或上传一个文件,首先要登录 FTP 服务器,然后发送命令,最后退出。在这个过程中,主要用到的命令有 USER、PASS、SIZE、CWD、PASV、PORT、RETR、STOR、REST、QUIT。

(1) USER:指定用户名。通常是控制连接后第一个发出的命令。例如,"USER qxf\r\n",以用户名 qxf 登录。

(2) PASS:指定用户密码。该命令紧跟 USER 命令后。例如,"PASS qxf123\r\n",密码为 qxf123。

(3) SIZE:从服务器上返回指定文件的大小。例如,"SIZE file.txt\r\n",如果 file.txt 文件存在,则返回该文件的大小。

(4) CWD:改变工作目录。例如,"CWD dirname\r\n"。

(5) PASV:让服务器在数据端口监听,进入被动模式。例如,"PASV\r\n"。

(6) PORT:告诉 FTP 服务器客户端监听的端口号,让 FTP 服务器采用主动模式连接客户端。例如,"PORT h1,h2,h3,h4,p1,p2"。

(7) RETR:下载文件。例如,"RETR file.txt \r\n",下载文件 file.txt。

(8) STOR:上传文件。例如,"STOR file.txt\r\n",上传文件 file.txt。

(9) REST:该命令并不传送文件,而是略过指定点后的数据。此命令后应该跟其他要求文件传输的 FTP 命令。例如,"REST 100\r\n",重新指定文件传送的偏移量为 100B。

（10）QUIT：关闭与服务器的连接。

5.2.5　FTP 响应码

客户端发送 FTP 命令后，服务器返回响应码。

响应码用 3 位数字编码表示。

（1）最高位数字给出了命令状态的一般性指示，如响应成功、失败或不完整。

（2）中间位数字是响应类型的分类，如 2 代表跟连接有关的响应，3 代表用户认证。

（3）最低位数字提供了更加详细的信息。

响应码中最高位的数字的含义：1 表示服务器正确接收信息，还未处理；2 表示服务器已经正确处理信息；3 表示服务器正确接收信息，正在处理；4 表示信息暂时错误；5 表示信息永久错误。响应码第二位数字的含义：0 表示语法；1 表示系统状态和信息；2 表示连接状态；3 表示与用户认证有关的信息；4 表示未定义；5 表示与文件系统有关的信息。

常见的 FTP 响应码及描述见表 5-1。

表 5-1　常见的 FTP 响应码

响应码	描　　述
110	重新启动标记应答。在这种情况下文本是确定的，它必须是：MARK yyyy＝mmmm，其中 yyyy 是用户进程数据流标记，mmmm 是服务器标记
120	服务在 nnn 分钟内准备好
125	数据连接已打开，准备传送
150	文件状态良好，打开数据连接
200	命令成功
202	命令未实现
211	系统状态或系统帮助响应
212	目录状态
213	文件状态
214	帮助信息，信息仅对人类用户有用
215	名字系统类型
220	对新用户服务准备好
221	服务关闭控制连接，可以退出登录
225	数据连接打开，无正在进行的传输
226	关闭数据连接，请求的文件操作成功
227	进入被动模式

续表

响应码	描 述
230	用户登录
250	请求的文件操作完成
257	创建 PATHNAME
331	用户名正确,需要口令
332	登录时需要账户信息
350	请求的文件操作需要进一步命令
421	不能提供服务,关闭控制连接
425	不能打开数据连接
426	关闭连接,终止传输
450	请求的文件操作未执行
451	终止请求的操作:有本地错误
452	未执行请求的操作:系统存储空间不足
500	格式错误,命令不可识别
501	参数语法错误
502	命令未实现
503	命令顺序错误
504	此参数下的命令功能未实现
530	未登录
532	存储文件需要账户信息
550	未执行请求的操作
551	请求操作终止:页类型未知
552	请求的文件操作终止:存储分配溢出
553	未执行请求的操作:文件名不合法

5.3 FTP 分析

下面通过一个例子来了解 FTP 在 FTP 客户端和服务器之间的交互过程。

5.3.1 建立连接

当客户端和服务器建立连接后,服务器会返回 220 的响应码和一些欢迎信息,如图 5-1

所示。

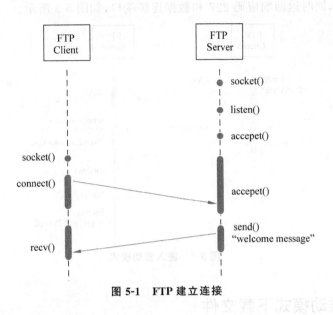

图 5-1　FTP 建立连接

5.3.2　客户端登录

当客户端发送用户名和密码,服务器验证通过后,会返回 230 的响应码。然后,客户端就可以向服务器发送 FTP 命令了,如图 5-2 所示。

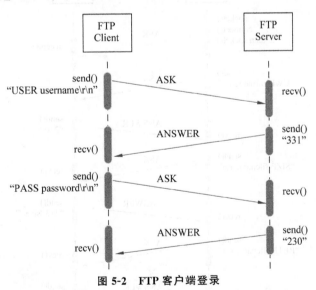

图 5-2　FTP 客户端登录

5.3.3　进入被动模式

当客户端在下载和上传文件前,要先发送命令让服务器进入被动模式。服务器会打开数据端口并监听,同时返回响应码 227 和数据连接端口,如图 5-3 所示。

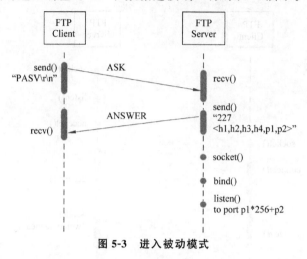

图 5-3　进入被动模式

5.3.4　被动模式下载文件

当客户端发送命令下载文件后,服务器会返回响应码 150,并向数据连接发送文件内容,如图 5-4 所示。

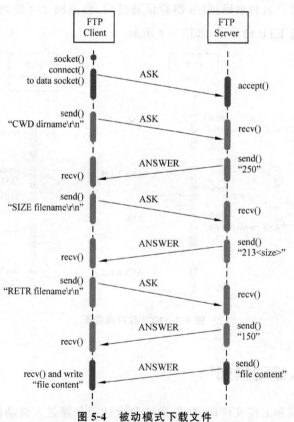

图 5-4　被动模式下载文件

5.3.5　客户端退出

当客户端下载完毕后，发送命令退出服务器，并关闭连接，服务器会返回响应码 221，如图 5-5 所示。

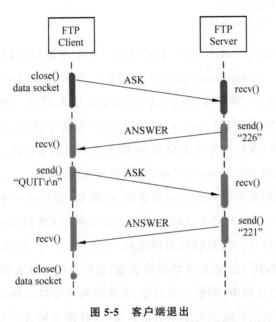

图 5-5　客户端退出

到这里，下载文件已经完成。需要注意的是在发送 FTP 命令的时候，在命令后要紧跟"\r\n"，否则服务器不会返回信息。回车换行符号"\r\n"是 FTP 命令的结尾符号，当服务器接收到这个符号时，认为客户端发送的命令已经结束，开始处理；否则会继续等待。

5.3.6　FTP 服务器响应

FTP 服务器的响应输出如下。

```
(not logged in) (127.0.0.1)>Connected, sending welcome message...
(not logged in) (127.0.0.1)>220-FileZilla Server version 0.9.36 beta
(not logged in) (127.0.0.1)>220 hello qxf
(not logged in) (127.0.0.1)>USER qxf
(not logged in) (127.0.0.1)>331 Password required for qxf
(not logged in) (127.0.0.1)>PASS *********
qxf (127.0.0.1)>230 Logged on
qxf (127.0.0.1)>PWD
qxf (127.0.0.1)>257 "/" is current directory.
qxf (127.0.0.1)>SIZE file.txt
qxf (127.0.0.1)>213 4096
```

```
qxf (127.0.0.1)>PASV
qxf (127.0.0.1)>227 Entering Passive Mode (127,0,0,1,13,67)
qxf (127.0.0.1)>RETR file.txt
qxf (127.0.0.1)>150 Connection accepted
qxf (127.0.0.1)>226 Transfer OK
qxf (127.0.0.1)>QUIT
qxf (127.0.0.1)>221 Goodbye
```

首先,服务器准备就绪后返回220。客户端接收到服务器端返回的响应码后,相继发送 USER username 和 PASS password 命令登录。随后,服务器返回的响应码为230开头,说明客户端已经登录。这时,客户端发送 PASV 命令让服务器进入被动模式。服务器返回227 Entering Passive Mode (127,0,0,1,13,67),客户端从中得到端口号,然后连接到服务器的数据端口。接下来,客户端发送下载命令,服务器会返回响应码150,并从数据端口发送数据。最后,服务器返回226 Transfer OK,表明数据传输完成。

需要注意的是,客户端不要一次发送多条命令,例如,要打开一个目录并且显示这个目录,应该发送 CWD dirname、PASV、LIST 命令。在发送完 CWD dirname 之后等待响应代码,然后再发送下一条命令。当 PASV 返回之后,再打开另一个 Socket 连接到相关端口上,然后发送 LIST 命令,返回125之后开始接收数据,最后返回226表明完成。

在传输多个文件的过程中,需要注意的是,每次新的传输都必须重新使用 PASV 命令获取新的端口号,接收完数据后应该关闭该数据连接,这样服务器才会返回一个2××成功的响应。然后客户端可以继续下一个文件的传输。

5.4 常用的 FTP 服务器软件

常用的 FTP 服务器软件有以下几种。

1. Wu-FTPD

Wu-FTPD 曾经是 Internet 的 FTP 守护程序,也是最早的 FTP 服务器软件之一,拥有强大的功能。此 FTP 服务器软件下载地址为 http://www.wu-ftpd.org。

Wu-FTPD 主要有以下特点。

- 支持虚拟 FTP 主机。
- 能够控制不同网络的用户对于 FTP 服务器的存取权限和访问时段。
- 能够记录文档上传和下载的全过程,并且可以限制访问人数。
- 使用者在下载文档时,能够自动对其进行压缩和解压工作。
- 能够暂时关闭 FTP 服务器,以便系统维护。
- 能够支持匿名 FTP 访问,但需要加载 Anonftp 软件包。

2. ProFTPD

ProFTPD 具有安全、容易配置、速度快的特点,并且很少出现缓冲溢出的错误现象。其官方 FTP 服务器软件下载地址为 http://www.proftpd.org/。

ProFTPD 的主要特点如下。

- 可设定多个虚拟 FTP 服务器,匿名 FTP 服务的实现更加容易。
- 单配置文档,其配置指示和 Apache 的配置指示有类似之处。
- 基于单个目录的.ftpaccess 配置文档,类似于 Apache 的.htaccess 文档。
- 能够配置为从 Inetd 启动或是单独 FTP 服务器两种运行方式。
- 匿名 FTP 的根目录无须任何特定的目录结构或系统程序或其他系统文档。
- 以非 root 身份运行且不执行任何外部程序,从而减少了安全隐患。
- 能够根据文档所有者信息或 UNIX 的访问控制风格来隐藏文档或目录。
- 支持 Shadow 密码,包括支持密码过期机制。
- 强大的 Log 功能,支持 Utmp/Wtmp 及 Wu-FTPD 格式的记录标准,并支持扩展功能的日志记录。

3. VSFTPD

VSFTPD 即 Very SecureFTPD 的缩写形式,是 Red Hat Enterprise Linux 5 内置的 FTP 服务器软件,支持很多其他 FTP 服务器不支持的功能,具有非常高的安全特性,同时支持带宽限制、IPv6 协议、分配虚拟 IP 地址、创建虚拟用户等功能,其良好的可伸缩性和中等偏上的性能获得了用户的广泛欢迎。VSFTPD 官方 FTP 服务器软件下载地址为 http://vsftpd.beasts.org/。

VSFTPD 是一个基于 GPL 发布的类 UNIX 系统上使用的 FTP 服务器软件。

安全性是编写 VSFTP 的初衷,除了与生俱来的安全特性以外,高速与高稳定性也是 VSFTP 的两个重要特点。

在速度方面,使用 ASCII 代码的模式下载数据时,VSFTPD 的速度是 Wu-FTPD 的两倍,如果 Linux 主机使用 2.4.* 的内核,在千兆以太网上的下载速度可达 86MB/S。

在稳定性方面,VSFTPD 就更加出色,VSFTPD 在单机(非集群)上支持 4000 个以上的并发用户同时连接,根据 Red Hat Enterprise Linux 5 的 FTP 服务器的数据,VSFTPD 服务器可以支持 15000 个并发用户。

4. PureFTPD

PureFTPD 是内置在 SuSE、Debian 中的 FTP 服务器软件,但 Red Hat Enterprise Linux 5 中没有包含它的软件包,需手动加载,其官方 FTP 服务器软件下载地址为 http://www.pureftpd.org/。

5. Serv-U

Serv-U 是 Windows 系统下常用的 FTP 服务器。用户可以将任何一台 PC(个人计算机)设置成一台 FTP 服务器。用户或其他使用者能使用 FTP,通过在同一网络上的任何一台 PC 与 FTP 服务器连接,进行文件或目录的复制、移动、创建和删除等,其官方 FTP 服务器软件下载地址为 http://www.rhinosoft.com.cn/。

Serv-U 主要有以下特点。

- 支持实时的多用户连接,支持匿名用户的访问;通过限制同一时间允许的用户访问量来确保 PC 的正常运转。
- 安全性能出众。在目录和文件层次都可以设置安全防范措施。为不同用户提供不同设置,支持分组管理数量众多的用户,甚至可以基于 IP 对用户授予访问权限。
- 能够设置上传和下载的比率、硬盘空间配额、网络使用带宽等,从而有效地分配资源,还可以作为系统服务在后台运行。
- 支持文件上传和下载过程中的断点续传,支持拥有多个 IP 地址的多宿主站点。
- 可设置在用户登录或退出时的显示信息,支持具有 UNIX 风格的外部连接。

上面列出的只是 Serv-U 众多功能中的一部分,Serv-U 不仅功能强大,而且提供了易于使用的操作界面,是 Windows 下使用方便的 FTP 服务器软件之一。

6. FileZilla

FileZilla 是一款经典的开源 FTP 解决方案,包括 FileZilla 客户端和 FileZillaServer。其中,FileZillaServer 的功能比起商业软件 FTP Serv-U 毫不逊色,无论是传输速度还是安全性方面,都是相当优秀的。

7. IIS FTP

IIS FTP 是 Windows Server 自带的配置 FTP 服务器。

5.5 TFTP

简单文件传输协议(Trivial File Transfer Protocol,TFTP)是一个小而易于实现的文件传输协议。TFTP 基于 UDP 数据报(69 号端口),需要有自己的差错改正措施。TFTP 只支持文件传输,不支持交互,没有庞大的命令集,也没有目录列表功能,不能对用户进行身份鉴别。但是,TFTP 的代码所占内存较小,不需要硬盘就可以固化 TFTP 代码,很适合较小的计算机和特殊用途的设备。

5.6　FTP 服务的管理

5.6.1　FTP 服务器的安装

根据操作系统和 FTP 服务器软件的不同,FTP 服务器的安装包括以下内容。

(1) Windows 环境下,Windows Server 2012 系统 IIS FTP 服务的安装。

(2) Windows 环境下,FileZilla Server 的安装。

(3) Linux 环境下,CentOS 7 平台 VSFTPD 服务器的安装。

具体安装步骤详见与本书配套的《网络应用运维实验》。

5.6.2　FTP 服务器的运维

FTP 服务器的运维包括以下内容。

(1) FTP 站点主目录的设置。

(2) FTP 站点用户的设置。

(3) FTP 站点用户访问权限的设置。

5.7　FTP 服务的测试与使用

FTP 服务的测试与使用包括以下内容。

(1) 通过命令行 FTP 命令访问服务器。

(2) 通过浏览器访问服务器。

(3) 通过 FileZilla 客户端访问服务器。

(4) 用户登录。

(5) 主动模式设置。

(6) 被动模式设置。

(7) 文件下载测试。

(8) 文件上传测试。

(9) 目录创建测试。

(10) 文件删除测试。

(11) 本地命令访问测试。

5.8 FTP 实验

FTP 实验包括以下内容。

（1）Windows Server 2012 环境下安装 IIS FTP。

（2）Windows 环境下安装 FileZilla Server。

（3）CentOS 7 环境下安装 VSFTPD（选做）。

（4）新建 FTP 站点。

（5）设置站点主目录。

（6）设置 FTP 用户。

（7）设置 FTP 用户访问目录。

（8）设置 FTP 用户访问权限。

（9）通过命令行匿名用户/特定用户登录测试 FTP 服务。

（10）通过浏览器匿名用户/特定用户登录测试 FTP 服务。

（11）通过 FileZilla 客户端匿名用户/特定用户登录测试 FTP 服务。

（12）设置主动模式/被动模式。

（13）主动模式/被动模式上传/下载文件。

（14）测试创建目录/文件操作及权限。

（15）测试删除目录/文件操作及权限。

（16）测试本地命令访问。

具体实验内容详见与本书配套的《网络应用运维实验》。

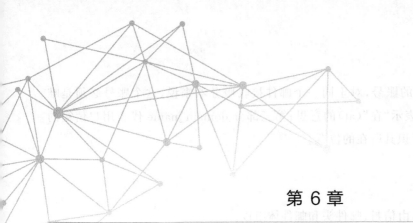

第 6 章
电子邮件服务与应用

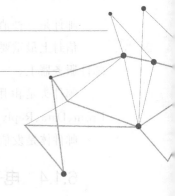

6.1　电子邮件基础知识

6.1.1　概述

电子邮件是一种用电子手段提供信息交换的通信方式,是互联网应用最广的服务之一。通过网络的电子邮件系统,用户可以以非常便捷(只需连上 Internet)、非常快速(几秒之内可以发送到 Internet 上任何指定的目的地)的方式,与 Internet 上任何一个角落的网络用户联系。

电子邮件可以是文字、图像、声音等多种形式。同时,用户可以得到大量免费的新闻、专题邮件,并实现轻松的信息搜索。电子邮件的存在极大地方便了人与人之间的沟通与交流,促进了社会的发展。

6.1.2　电子邮件地址

电子邮件跟普通的邮件一样,也需要地址。日常生活中,我们每个人都会有一个或几个电子邮箱(电子邮件地址),并且每个地址都是唯一的。邮件服务器根据这些地址,将每封电子邮件传送到各个用户的信箱中。

电子邮件地址的格式由 3 个部分组成: user@domain_name,如 qiuxfeng@163.com。

第一部分 user 代表用户信箱的账号,对于同一个邮件接收服务器来说,这个账号必须是唯一的;第二部分@是分隔符,表示"在"(at)的意思;第三部分 domain_name 代表用户信箱的邮件接收服务器域名,用以标识其所在的位置。

6.1.3 邮件

邮件是一种消息的格式,由信封、邮件头和邮件体组成。

信封上最重要的是收信人的地址。邮件服务器用这个地址将邮件发送到收信人所在的邮件服务器上。

邮件头是由用户代理或邮件服务器添加的一些信息,包括 Received、Message-ID、From、Data、Reply-To、X-Phone、X-Mailer、To 和 Subject 等字段。

邮件体是发信人发给收信人报文的内容。

6.1.4 电子邮件协议

常见的电子邮件协议有 SMTP(Simple Mail Transfer Protocol)、POP3(Post Office Protocol Version 3)、IMAP(Internet Message Access Protocol)。这几种协议都是由 TCP/IP 协议簇定义的。其中,SMTP 为邮件发送协议,POP3 和 IMAP 为邮件接收协议。

1. SMTP

SMTP 是简单邮件传输协议,可以向用户提供高效、可靠的邮件传输方式。SMTP 的一个重要特点是,它能够在传送过程中转发电子邮件,即邮件可以通过不同网络上的邮件服务器转发到其他邮件服务器。

SMTP 工作在两种情况下:一是电子邮件从客户机传输到邮件服务器;二是从某一台邮件服务器传输到另一台邮件服务器。SMTP 是一个请求/响应协议,它监听 25 号端口,用于接收用户的邮件请求,并与远端邮件服务器建立 SMTP 连接。

2. POP3

POP 是邮局协议,用于电子邮件的接收,它使用 TCP 的 110 端口,常用的是第 3 版,所以简称为 POP3。

POP3 仍采用客户机/服务器工作模式。当客户机需要服务时,客户端的软件(如 Outlook Express)将与 POP3 服务器建立 TCP 连接,然后要经过 POP3 的 3 种工作状态:①首先是认证过程,确认客户机提供的用户名和密码;②在认证通过后便转入处理状态,在此状态下用户可收取自己的邮件,在完成相应操作后,客户机便发出 QUIT 命令;③此后便进入更新状态,将有删除标记的邮件从服务器端删除。至此,整个 POP 过程完成。

3. IMAP

IMAP 是 Internet 信息访问协议,它使用 TCP 的 143 端口,目前的版本是 IMAP4,是

POP3 的一种替代协议,提供了邮件检索和邮件处理的新功能,这样用户可以完全不必下载邮件正文就可以看到邮件的标题摘要,从邮件客户端软件就可以对服务器上的邮件和文件夹目录等进行操作。IMAP 增强了电子邮件的灵活性,同时也减少了垃圾邮件对本地系统的直接危害,也相对节省了用户查看电子邮件的时间。除此之外,IMAP 可以记忆用户在脱机状态下对邮件的操作(如移动邮件、删除邮件等),在下一次打开网络连接的时候会自动执行。

6.1.5　用户代理

用户代理(User Agent,UA)是用户与电子邮件系统的交互接口,一般来说它是计算机上的一个程序。Windows 上常见的用户代理是 Foxmail 和 Outlook 等。

用户代理能够提供一个好的用户界面,它提取用户在其界面填写的各项信息,生成一封符合 SMTP 等邮件标准的邮件,然后采用 SMTP 将邮件发送到发送端邮件服务器。

6.1.6　邮件服务器

邮件服务器是电子邮件系统的核心,它用来发送和接收邮件,并且提供用户邮箱的存储。邮件服务器向其他邮件服务器转发邮件也是采用 SMTP。

6.1.7　邮件收发过程

一般情况下,一封邮件的发送和接收过程如图 6-1 所示。

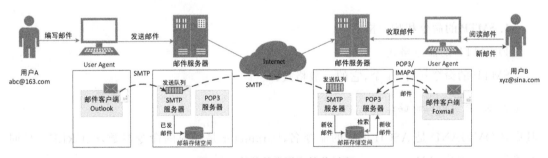

图 6-1　邮件的发送和接收过程

(1) 发信人在用户代理里编辑邮件,包括填写发信人邮箱、收信人邮箱和邮件标题等。

(2) 用户代理提取发信人编辑的信息,生成一封符合邮件格式标准(RFC 822) 的邮件。

(3) 用户代理用 SMTP 将邮件发送到发送端邮件服务器(即发信人邮箱所对应的邮件服务器)。

(4) 发送端邮件服务器用 SMTP 将邮件发送到接收端邮件服务器(即收信人邮箱所对应的邮件服务器)。

(5) 收信人调用用户代理。用户代理用 POP3 从接收端邮件服务器取回邮件。

(6) 用户代理解析收到的邮件,以适当的形式呈现在收信人面前。

6.2 SMTP

6.2.1 SMTP 的通信过程

SMTP 工作在两种情况下:一种情况是电子邮件从客户机传到服务器;另一种情况是从一个邮件服务器传输到另一个邮件服务器。

SMTP 也是个请求/响应协议,命令和响应都是基于 ASCII 文本,并以 CR(回车)和 LF(换行)符结束。响应包括一个表示返回状态的 3 位数字代码。SMTP 在 TCP 协议 25 号端口监听连续请求。

(1) 客户端主动连接邮件服务器的 25 号端口,建立 TCP 连接。

(2) 客户端向服务器发送各种命令,来请求各种服务(如认证、指定发送人和接收人)。

(3) 服务器解析用户的命令,做出相应动作并返回给客户端一个响应。

(4) 上述步骤(2)和(3)交替进行,直到所有邮件都发送完成或者两者的连接被意外中断。

从这个过程看出,其命令和响应是 SMTP 的重点。

6.2.2 SMTP 的命令和响应

1. SMTP 的命令和响应格式

1) SMTP 的命令格式

SMTP 的命令只有 14 个,它的一般格式:

```
COMMAND [Parameter]<CRLF>
```

其中,COMMAND 是 ASCII 形式的命令名,Parameter 是相应的命令参数,<CRLF>是回车换行符(0DH,0AH)。

2) SMTP 的响应格式

SMTP 的响应也不复杂,它的一般格式:

```
XXX Readable Illustration
```

其中,XXX 是 3 位十进制数;Readable Illustration 是可读的解释说明,用来表明命令是否成功等。XXX 具有如下的规律:以 2 开头的表示成功,以 4 和 5 开头的表示失败,以 3 开头的表示未完成(进行中)。

2. SMTP 发送示例

命令和响应的格式是语法，各命令和响应的意思则是语义，各命令和各响应在时间上的关系则是同步。下面将通过一个简单的 SMTP 通信过程示例，说明上述 3 个要素，如图 6-2 所示。

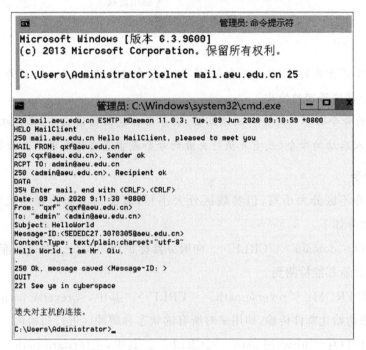

图 6-2 通过 Telnet 进行 SMTP 交互

SMTP 交互过程及其解释如下。

```
C: telnet mail.aeu.edu.cn 25                  /* 首先客户端以 Telnet 方式连接邮件服务器 */
S: 220 mail.aeu.edu.cn ESMTP MDaemon 11.0.3; Tue, 09 Jun 2020 09:10:59 +0800
                    /* 220 为响应数字,其后的信息为欢迎信息,会因服务器不同而不同 */
C: HELO MailClient                            /* 填写域名,但该命令并不检查后面的参数 */
S: 250 mail.aeu.edu.cn Hello MailClient, pleased to meet you /* 响应 */
C: MAIL FROM; qxf@aeu.edu.cn                  /* 发送者邮箱 */
S: 250 <qxf@aeu.edu.cn>, Sender ok
C: RCPT TO: admin@aeu.edu.cn                  /* 接收者邮箱 */
S: 250 <admin@aeu.edu.cn>, Recipient ok
C: DATA                                       /* 请求发送数据 */
S: 354 Enter mail, end with <CRLF>.<CRLF>
C: Date: 09 Jun 2020 9:11:30 +0800            /* 以下是邮件内容,到单行.结束 */
C: From: "qxf" <qxf@aeu.edu.cn>
C: To: "admin" <admin@aeu.edu.cn>
C: Subject: HelloWorld
```

```
C:Message-ID:<5EDEDC27.3070305@aeu.edu.cn>
C:Content-Type: text/plain;charset="utf-8"
C:Hello World. I am Mr. Qiu.
C:.
S: 250 Ok, message saved <Message-ID: >
C: QUIT                                    /*退出连接*/
S: 221 See ya in cyberspace
```

说明：

(1) 上述"C:"开头的行(注意不包括"C:")是客户端的输入,而以"S:"开头的行(不包括"S:")则是服务器端返回的输出。

(2) 上述的命令并不一定会一次性成功,服务器会返回错误响应,客户端应该按照协议规定的时序输入后续的命令(或重复执行失败的命令或重置会话或退出会话等)。

3. 常用命令

SMTP 命令不区分大小写,但参数区分大小写,有关这方面的详细说明请参考 RFC 821。常用的命令如下。

(1) HELO <domain><CRLF>。向服务器标识用户身份。发送者能欺骗、说谎,但一般情况下服务器都能检测到。

(2) MAIL FROM：<reverse-path><CRLF>。其中,<reverse-path>为发送者地址,此命令用来初始化邮件传输,即用来对所有的状态和缓冲区进行初始化。

(3) RCPT TO：<forward-path><CRLF>。其中,<forward-path>用来标识邮件接收者的地址,常用在 MAIL FROM 后,可以有多个 RCPT TO。

(4) DATA <CRLF>。将之后的数据作为数据发送,以<CRLF>.<CRLF>标识数据的结尾。

(5) REST <CRLF>。重置会话,当前传输被取消。

(6) NOOP <CRLF>。要求服务器返回 OK 应答,一般用作测试。

(7) QUIT <CRLF>。结束会话。

(8) VRFY <string><CRLF>。验证指定的邮箱是否存在,由于安全方面的原因,服务器大多禁止此命令。

(9) EXPN <string><CRLF>。验证给定的邮箱列表是否存在,由于安全方面的原因,服务器大多禁止此命令。

(10) HELP <CRLF>。查询服务器支持什么命令。

4. 常用的响应

常用的响应如下,其中数字后的说明是从英文翻译过来的。更详细的说明请参考 RFC 821。

500 格式错误,命令不可识别(也包括命令行过长)。

501 参数格式错误。

502 命令不可实现。

503 错误的命令序列。

504 命令参数不可实现。

211 系统状态或系统帮助响应。

214 帮助信息。

220 <domain>服务就绪。

221 <domain>服务关闭。

421 <domain>服务未就绪,关闭传输信道。

250 请求的邮件操作完成。

251 用户非本地,将转发向<forward-path>。

450 请求的邮件操作未完成,邮箱不可用。

550 请求的邮件操作未完成,邮箱不可用。

451 放弃请求的操作:处理过程中出错。

551 用户非本地,请尝试<forward-path>。

452 系统存储不足,请求的操作未执行。

552 过量的存储分配,请求的操作未执行。

553 邮箱名不可用,请求的操作未执行。

354 开始邮件输入,以“.”结束。

554 操作失败。

235 用户验证成功。

334 等待用户输入验证信息。

6.2.3 SMTP 的扩充

1. SMTP 的缺点

从上述例子可以看出,SMTP 还存在如下缺点。

(1) 命令过于简单,没提供认证等功能。

(2) 只能传送 7 位的 ASCII 码,不能传送二进制文件。

针对缺点(1),国际标准化组织制定了扩充的 SMTP,即 ESMTP,对应的 RFC 文档为 RFC 1425。针对缺点(2),国际标准化组织在兼容 SMTP 的前提下,提出了传送非 7 位 ASCII 码的方法,对应的 RFC 文档有两个:邮件首部的扩充对应于 RFC 1522,邮件正文的扩充对应于 RFC 1521(即 MIME)。

2. ESMTP

ESMTP 最显著的地方是添加了用户认证功能。如果用户想使用 ESMTP 提供的新命令，则在初次与服务器交互时，发送的命令应该是 EHLO 而不是 HELO。下面来看一个 ESMTP 交互实例，如图 6-3 所示。

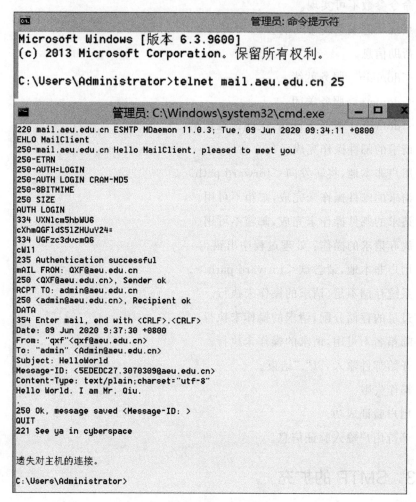

图 6-3　ESMTP 交互实例

ESMTP 交互过程解释如下。

```
C: telnet mail.aeu.edu.cn 25          /* 以 Telnet 方式连接邮件服务器 */
S: 220 mail.aeu.edu.cn ESMTP MDaemon 11.0.3; Tue, 09 Jun 2020 09:34:11 +0800
C: EHLO MailClient   /* 除 HELO 具有的功能外，EHLO 主要用来查询服务器支持的扩充功能 */
S: 250-mail.aeu.edu.cn Hello MailClient, pleased to meet you
S: 250-ETRN
S: 250-AUTH=LOGIN
S: 250-AUTH LOGIN CRAM-MD5
```

```
S: 250-8BITMIME              /* 最后一个响应数字应答码之后跟的是一个空格,而不是- */
S: 250 SIZE
C: AUTH LOGIN                /* 请求认证 */
S: 334 UXNlcm5hbWU6          /* 服务器响应,"Username:"的 Base64 编码 */
C: cXhmQGFldS51ZHUuY24=      /* "qxf@aeu.edu.cn"的 Base64 编码 */
S: 334 UGFzc3dvcmQ6          /* 服务器响应,"Password:"的 Base64 编码 */
C: cWl1                      /* qxf@aeu.edu.cn 邮箱密码的 Base64 编码 */
S: 235 Authentication successful    /* 认证成功 */
C: mAIL FROM:QXF@aeu.edu.cn          /* 发送者邮箱 */
S: 250 <QXF@aeu.edu.cn>, Sender ok
C: RCPT TO:admin@aeu.edu.cn          /* 接收者邮箱 */
S: 250 <admin@aeu.edu.cn>, Recipient ok
C: DATA                              /* 请求发送数据 */
S: 354 Enter mail, end with <CRLF>.<CRLF>
C: Date: 09 Jun 2020 9:37:30 +0800
C: From: "qxf"<qxf@aeu.edu.cn>
C: To: "admin" <Admin@aeu.edu.cn>
C: Subject: HelloWorld
C: Message-ID: <5EDEDC27.3070309@aeu.edu.cn>
C: Content-Type: text/plain;charset="utf-8"
C: Hello World. I am Mr. Qiu.
C: .
S: 250 Ok, message saved <Message-ID: >
C: QUIT                              /* 退出连接 */
S: 221 See ya in cyberspace
```

说明:

(1) 只是一个示意性的过程,在输入用户名、密码时需采用 Base64 编码,需要专门的计算,所以在 Telnet 终端上模拟比较麻烦。

(2) 认证过程有很多种,有基于明文的认证,也有基于 MD5 加密的认证,这里给出的只是一个示意性的过程。

(3) EHLO 对于不同的服务器,响应会有所不同,关键字 8BITMIME 用来说明服务器是否支持正文中传送 8 位 ASCII 码,而以 X 开头的关键字都是指服务器自定义的扩充(还没纳入 RFC 标准)。

3. 邮件首部的扩充

首部通过两种编码方式来支持传送非 7 位 ASCII 码。首先通过一个如下格式的编码字段来表明所用的编码方式。

```
=?charset?encoding?encoded-text?text
```

说明：

（1）charset 是字符集规范。有效值是两个字符串"us-ascii"和"iso-8859-x"，其中 x 是一个单个数字，例如"iso-8859-1"中的数字为"1"。

（2）encoding 是一个单个字符用来指定编码方法，支持 Q 和 B 两个值。

Q 代表 Quoted-Printable(可打印)编码。任何要发送的字符若其最高位(第 8 位)为 1 则被作为 3 个字符发送：第 1 个字符是等号"="，后面的两个字符对应于要发送字符的十六进制表示。例如，对于二进制码 11111111，其对应的十六进制表示为 FF，所以对应的编码为"=FF"。为了能够传输等号，"="的编码方式与最高位(第 8 位)为 1 的字符编码方式相同，因为其二进制代码为 00111101，十六进制表示为 3D，所以对应的编码为"=3D"。可以看出，这种编码方式的开销达 200%，所以适合传送只含有少量非 7 位 ASCII 码的文本。

B 代表 Base64 编码。它的编码方法是先将二进制代码划分为一个 24 位长的单元，然后将这 24 位单元划分为 4 个 6 位组，每组按图 6-4 所示的方法转换成 ASCII 码。

编号	字符	编号	字符	编号	字符	编号	字符
0	A	16	Q	32	g	48	w
1	B	17	R	33	h	49	x
2	C	18	S	34	i	50	y
3	D	19	T	35	j	51	z
4	E	20	U	36	k	52	0
5	F	21	V	37	l	53	1
6	G	22	W	38	m	54	2
7	H	23	X	39	n	55	3
8	I	24	Y	40	o	56	4
9	J	25	Z	41	p	57	5
10	K	26	a	42	q	58	6
11	L	27	b	43	r	59	7
12	M	28	c	44	s	60	8
13	N	29	d	45	t	61	9
14	O	30	e	46	u	62	+
15	P	31	f	47	v	63	/

图 6-4　Base64 映射表

可以看出，这种映射方法是：0～25 依次映射成 A～Z，26～51 依次映射成 a～z，52～61 依次映射成数字 0～9，然后 62 映射成＋，63 映射成/。

对于二进制代码 01001001 00110001 01111001，先将其划分成 4 个 6 位组，即 010010 010011 000101 111001。接着按图 6-4 所示的映射表，可得到 Base64 编码为 STF5。可以看

出，这种编码方式的开销是 25%，相对 Quoted-Printable 编码来说，它更适合用来传送含大量非 7 位 ASCII 码的二进制文件。

4. 正文的扩充

正文的扩充主要是使正文不仅可以传输 NVT ASCII 字符，而且还可以传输任意字符，对应的文档为 RFC 1511（即 MIME）。

MIME 全称为 Multiple Internet Mail Extensions，译成中文为"多用途互联网邮件扩展"。它通过新增一些邮件首部字段、邮件内容格式和传送编码，使其成为一种应用很广泛的、可以传输多媒体的电子邮件规范。

6.2.4　MX 记录的应用

在 DNS 服务器上除了可以建立主机名与 IP 地址的映射外，还可以建立其他多种映射。例如，建立某个主机名与其别名的映射；建立某个域名与其 SMTP 服务器的映射。在 DNS 服务器上创建的各项映射关系称为记录，一项映射关系就是一条记录。在 DNS 服务器上创建的主机名与 IP 地址的映射关系称为 A 记录，主机名与别名的映射关系称为 CNAME 记录，域名与其 SMTP 服务器的映射关系称为 MX 记录。

在 DNS 服务器上为什么要建立 MX 记录呢？即为什么要建立域名与其 SMTP 服务器的映射关系呢？这与电子邮件地址的表示形式和工作原理有关。邮件地址后缀部分表示的通常都是一个域名，而不是接收邮件的服务器的主机名。例如，邮件地址 qiuxfeng@163.com 中的 163.com 对应的就是一个域名。域只是一个逻辑组合概念，它并不代表真正的计算机。对于使用某个域名作为后缀的邮件地址，外界发送给它的电子邮件必须由一台专门的 SMTP 服务器来进行接收和处理。接收和处理某个域电子邮件的 SMTP 服务器即为该域的 SMTP 服务器，外界发送给某个域的电子邮件实际上都是发送给该域的 SMTP 服务器。外界如何知道一个域的 SMTP 服务器的地址呢？这就是通过管理该域的 DNS 服务器上的 MX 记录来获得的，这也是在 DNS 服务器上为什么要建立域名与其 SMTP 服务器的映射关系的原因。

当某台 SMTP 服务器要给 qiuxfeng@163.com 发送一封电子邮件时，该 SMTP 服务器将根据邮件地址的后缀部分去查询 163.com 这个域的 MX 记录，得到这个域的 SMTP 服务器的主机域名为 163mx00.mxmail.netease.com（某个域的 MX 记录可能有多个，对应多个域名），然后将邮件发送给其中一个域名 163mx00.mxmail.netease.com 对应的其中一个 SMTP 服务器[220.181.14.145]（处于负载平衡的目的，一个域名可能有多条 A 记录，对应多个 IP 地址）。通过 DNS 查询 163.com 的 MX 记录结果如图 6-5 所示。

```
D:\>nslookup -qt=mx 163.com
服务器:  dns.aeu.edu.cn
Address:  192.168.220.129

非权威应答:
163.com MX preference = 50, mail exchanger = 163mx00.mxmail.netease.com
163.com MX preference = 10, mail exchanger = 163mx03.mxmail.netease.com
163.com MX preference = 10, mail exchanger = 163mx01.mxmail.netease.com
163.com MX preference = 10, mail exchanger = 163mx02.mxmail.netease.com

163mx00.mxmail.netease.com          internet address = 220.181.14.139
163mx00.mxmail.netease.com          internet address = 220.181.14.161
163mx00.mxmail.netease.com          internet address = 220.181.14.145
163mx00.mxmail.netease.com          internet address = 220.181.14.149
163mx00.mxmail.netease.com          internet address = 220.181.14.159
163mx00.mxmail.netease.com          internet address = 220.181.14.141
163mx03.mxmail.netease.com          internet address = 220.181.14.157
163mx03.mxmail.netease.com          internet address = 220.181.14.159
163mx03.mxmail.netease.com          internet address = 220.181.14.156
163mx03.mxmail.netease.com          internet address = 220.181.14.163
163mx03.mxmail.netease.com          internet address = 220.181.14.161
163mx03.mxmail.netease.com          internet address = 220.181.14.158
163mx03.mxmail.netease.com          internet address = 220.181.14.160
163mx03.mxmail.netease.com          internet address = 220.181.14.162
163mx03.mxmail.netease.com          internet address = 220.181.14.164
```

图 6-5   163.com 的 MX 记录

6.2.5 SMTP 邮件路由过程

SMTP 服务器根据邮件收件人的域名来路由电子邮件。SMTP 服务器基于 DNS 中的 MX 记录来转发电子邮件,MX 记录注册了域名及其对应的 SMTP 中继主机,属于该域的电子邮件都应向该主机发送。若 SMTP 服务器 mail.abc.com 收到一封信要发到 user@mail.xyz.com,则执行以下过程。

（1）SMTP 服务器向 DNS 请求主机 mail.xyz.com 的 CNAME 记录,如果有 CNAME 记录,CNAME 记录指向 webmail.xyz.com,则再次请求 webmail.xyz.com 的 CNAME 记录,直到没有 CNAME 记录为止。

（2）假设 webmail.xyz.com 没有 CNAME 记录,则 SMTP 服务器向@xyz.com 域的权威 DNS 服务器请求 webmail.xyz.com 的 MX 记录（邮件路由及记录）,得到类似下面的结果。

```
webmail MX 5  mail1.xyz.com
        10 mail2.xyz.com
```

（3）SMTP 服务器向 DNS 请求 mail1.xyz.com 的 A 记录（主机名或域名对应的 IP 地址记录）,即 IP 地址,如返回值为 1.2.3.4（假设值）。

（4）最后,SMTP 服务器与 1.2.3.4 连接,通过 SMTP 将这封寄给 user@mail.xyz.com 的邮件传送到 1.2.3.4 这台服务器的 SMTP 后台程序。

6.3　MIME 协议

6.3.1　RFC 822 邮件格式

邮件内容的格式在 RFC 822 文档中定义,它包括两个主要组成部分:邮件头和邮件体。例如,在 qiuxfeng@163.com 邮箱中接收到的来自 18951003060@189.cn 发送来的邮件,内容如图 6-6 所示。为了便于描述,加上了行号。

```
1   Received: from 189.cn (unknown [183.61.185.101])
2       by mx40 (Coremail) with SMTP id WsCowADXSkqj_N5eZ3mWDw--.2962S2;
3       Tue, 09 Jun 2020 11:06:11 +0800 (CST)
4   HMM_SOURCE_IP:10.64.8.33:14315.1677721456
5   HMM_ATTACHE_NUM:0000
6   HMM_SOURCE_TYPE:SMTP
7   Received: from clientip-223.104.4.84 (unknown [10.64.8.33])
8       by 189.cn (HERMES) with SMTP id 6D2C7100834
9       for <qiuxfeng@163.com>; Tue,  9 Jun 2020 11:06:11 +0800 (CST)
10  Received: from   ([223.104.4.84])
11      by zm-as3 with ESMTP id 6726727b21fb4bd69a90b21f82018e67 for qiuxfeng@163.com;
12      Tue Jun  9 11:06:11 2020
13  X-Transaction-ID: 6726727b21fb4bd69a90b21f82018e67
14  X-filter-score:  simter<0>  filter<0>
15  X-Real-From: 18951003060@189.cn
16  X-Receive-IP: 223.104.4.84
17  X-MEDUSA-Status: 0
18  Sender: 18951003060@189.cn
19  Date: Tue, 09 Jun 2020 11:06:10 +0800
20  From: "18951003060" <18951003060@189.cn>
21  To: "qiuxfeng" <qiuxfeng@163.com>
22  Subject:  Hello
23  X-Mailer: NetEase FlashMail 2.4.1.32
24  X-Priority: 3 (Normal)
25  MIME-Version: 1.0
26  Message-ID: <5EDEFCA0.1090709@189.cn>
27  Content-Type: text/plain; charset="utf-8"
28  Content-Transfer-Encoding: base64
29  X-CM-TRANSID:WsCowADXSkqj_N5eZ3mWDw--.2962S2
30  Authentication-Results: mx40; spf=pass smtp.mail=18951003060@189.cn;
31  X-Coremail-Antispam: 1Uf129KBjDUn29KB7ZKAUJUUUUU529EdanIXcx71UUUUU7v73
32      VFW2AGmfu7bjvjm3AaLaJ3UbIYCTnIWIevJa73UjIFyTuYvjxUVX_-UUUUU
33
34  SSBhbSBNci4gUWl1Lg==
```

图 6-6　邮件格式

图 6-6 中的第 1~32 行是邮件的邮件头,第 34 行是邮件的邮件体,邮件头和邮件体之间以一个空行进行分隔。这封邮件的邮件体内容非常少,只有一行"SSBhbSBNci4gUWl1Lg==",经 Base64 解码得出内容为文本"I am Mr. Qiu."。邮件头部分由多个头字段和字段内容组成,各种头字段分别用于表示邮件的发件人、收件人、发件时间和主题等信息。细心的读者可能已经看到,图 6-6 中的邮件头部分比图 6-2 中实际发送的邮件头多出了一些头字段,这些头字段是各个 SMTP 服务器在传递邮件的过程中加上的。SMTP 服务器在传递邮件时,会把一些相关信息增加到邮件的邮件头中,这种情况有点类似于现实生活中的邮局在处理

邮件时,通常都会在信封上加盖邮戳一样,表示这封邮件在什么时候经过了哪个邮局和由哪个工作人员经手处理。SMTP 服务器按从下往上的方式添加各个字段,即先添加的字段位于后添加的字段的下面,例如,图 6-6 中的邮件是通过网易闪电邮客户端由 189.cn 发送给 163.com 的,它先经过 189.cn 的 SMTP 服务器,然后再经过 163.com 的 SMTP 服务器,所以,163.com 的 SMTP 服务器添加的头字段(第 1 行)位于 189.cn 的 SMTP 服务器添加的头字段(第 4~9 行)的上面。另外,POP3 服务器也会在邮件头中增加一些头字段。

每一个邮件头以"字段名:字段值"的格式出现,即每一行邮件头的内容依次由字段名、冒号、空格、字段值、回车换行符组成。RFC 822 文档中定义了多个标准的邮件头字段,每一个邮件头字段表示一种特定的信息。邮件头中也可以包含自定义的头字段,这种自定义的头字段通常是某个组织或机构内部专用的。

下面是对图 6-6 中出现的一些主要的邮件头字段的解释。

- Received:该字段的基本格式为 Received from A by B for C,其中 A 为发送方,B 为接收方,C 为收件人的邮箱地址。该字段的内容由接收邮件的 SMTP 服务器填写,常常被用来追踪邮件传输的路线和分析邮件的来源。例如,从图 6-6 中的各个 Received 字段中,可以知道这封邮件的传输路径:从 IP 地址为 223.104.4.84 的机器上发出→189.cn 即 183.61.185.101→mx40(Coremail)→qiuxfeng@163.com。显然,通过分析一封邮件的源内容,是可以知道发件人的 IP 地址的。

- From:该字段用于指定发件人地址,邮件阅读程序显示的发件人地址就来源于这个字段。From 字段中指定的发件人地址可以随意乱写,甚至不写,所以邮件阅读程序显示的发件人地址不一定是真实的,这通常可以通过查看邮件头中的 Return-Path 字段来判断发件人的真实性。注意,SMTP 中 MAIL FROM 命令中指定的发件人地址也可以伪造,所以邮件头中的 Return-Path 字段也不是可以完全信赖的,对于比较重要的邮件,最好还是通过电话确认一下。

- To:该字段用于指定收件人地址。

- Subject:该字段用于指定邮件的主题,如果主题内容中包含有 ASCII 码以外的字符,通常要对其内容进行编码。

- Date:该字段用于指定邮件的发送时间。

- CC:该字段用于指定邮件的抄送地址。

- BCC:该字段用于指定邮件的暗送地址。抄送地址和暗送地址的区别在于,邮件阅读程序通常都不显示暗送地址,而会显示抄送地址。

RFC 822 文档定义了邮件内容的主体结构和各种邮件头字段的详细细节,但是它没有定义邮件体的格式,RFC 822 文档定义的邮件体部分通常都只能用于表述一段普通的文本,而无法表达图片、声音等二进制数据。另外,SMTP 服务器在接收邮件内容时,当接收到只有一个字符"."的单独行时,就会认为邮件内容已经结束,如果一封邮件正文中正好有内容仅为一个"."的单独行,SMTP 服务器就会丢弃掉该行后面的内容,从而导致信息丢失。

6.3.2　MIME 概述

MIME(多用途互联网邮件扩展)是当前广泛应用的一种电子邮件技术规范,基本内容定义于 RFC 2045-2049(RFC 1521 和 RFC 1522 是它的过时版本)。

在 MIME 出台之前,使用 RFC 822 只能发送基本的 ASCII 码文本信息,邮件内容如果要包括二进制文件、声音和动画等,实现起来非常困难。最令人头疼的是多种邮件服务器软件之间邮件的互发,如果没有一种统一的格式定义,想要互发需要投入巨大的人力物力。MIME 提供了一种可以在邮件中附加多种不同编码文件的方法,弥补了原来的信息格式的不足。实际上不仅是邮件编码,现在 MIME 也已经成为 HTTP 标准的一个部分。

MIME 试图在不改变 SMTP 和 RFC 822(邮件格式标准)的基础上,使得邮件可以传送任意的二进制文件。

6.3.3　改进措施

一封邮件包括信封、邮件头和邮件体 3 个部分。信封显然可以不含有二进制信息,而其他两部分则可能包含任意的二进制序列,因此需要加以改进。MIME 改进措施如下。

(1)新增加一些邮件头信息,用来确定 MIME 的一些参数。

(2)定义了许多邮件内容的格式,对多媒体电子邮件的表示方法进行标准化。

(3)定义了传送编码,从而可以传送任意的二进制文件。

6.3.4　MIME 邮件头

MIME 格式的邮件头包含了发件人、收件人、主题、时间、MIME 版本、邮件内容的类型等重要信息。每条信息称为一个域,由域名后加冒号":"和信息内容构成,可以是一行,较长的也可以占用多行。域的首行必须"顶头"写,即左边不能有空白字符(空格和制表符);续行则必须以空白字符打头,且第一个空白字符不是信息本身固有的,解码时要过滤掉。常用的邮件头如表 6-1 所示。

表 6-1　常用的邮件头

域　　名	含　　义	添　加　者
Received	传输路径	各级邮件服务器
Return-Path	回复地址	目标邮件服务器
Delivered-To	发送地址	目标邮件服务器

续表

域名	含义	添加者
Reply-To	回复地址	邮件的创建者
From	发件人地址	邮件的创建者
To	收件人地址	邮件的创建者
Cc	抄送地址	邮件的创建者
Bcc	暗送地址	邮件的创建者
Date	日期和时间	邮件的创建者
Subject	主题	邮件的创建者
Message-ID	消息 ID	邮件的创建者
MIME-Version	MIME 版本	邮件的创建者
Content-Type	内容的类型	邮件的创建者
Content-Transfer-Encoding	内容的传输编码方式	邮件的创建者

1. Content-Type 头字段

Content-Type 用来说明邮件正文类型，一般以下面的形式出现。

Content-Type: [type]/[subtype]; parameter

说明：

（1）type 有以下几种值选择。

- Text：用于标准化表示的文本信息，文本消息可以是多种字符集或者多种格式的。
- Multipart：用于连接消息体的多个部分构成一个消息，这些部分可以是不同类型的数据。
- Application：用于传输应用程序数据或者二进制数据。
- Message：用于包装一个 E-mail 消息。
- Image：用于传输静态图片数据。
- Audio：用于传输音频或者音声数据。
- Video：用于传输动态影像数据，可以是与音频编辑在一起的视频数据格式。

（2）subtype 用于指定 type 的详细形式。Content-Type/subtype 配对的集合和与此相关的参数，将随着时间而增长。为了确保这些值在一个有序而且公开的状态下开发，MIME 使用 Internet Assigned Numbers Authority（IANA）作为中心的注册机制来管理这些值。常用的 subtype 值如下。

- text/plain：纯文本。
- text/html：HTML 文档。

124

- application/xhtml＋xml：XHTML 文档。
- image/gif：GIF 图像。
- image/jpeg：JPEG 图像。在 PHP 中为 image/pjpeg。
- image/png：PNG 图像。在 PHP 中为 image/x-png。
- video/mpeg：MPEG 动画。
- application/octet-stream：任意的二进制数据。
- application/pdf：PDF 文档。
- application/msword：Microsoft Word 文件。
- message/rfc822：RFC 822 形式。
- multipart/alternative：HTML 邮件的 HTML 形式和纯文本形式，相同内容使用不同形式表示。
- application/x-www-form-urlencoded：使用 HTTP 的 POST 方法提交的表单。
- multipart/form-data：主要用于表单提交时伴随文件上传的场合。

此外，尚未被接受为正式数据类型的 subtype，可以使用 x-开始的独立名称，如 application/x-gzip。vnd 开始的固有名称也可以使用，如 application/vnd.ms-excel。

（3）parameter 可以用来指定附加的信息，更多情况下是用于指定 text/plain 和 text/htm 等的文字编码方式的 charset 参数。MIME 根据 type 制定了默认的 subtype，当客户端不能确定消息的 subtype 的情况下，消息被看作默认的 subtype 进行处理。Text 默认是 text/plain，Application 默认是 application/octet-stream 而 Multipart 默认情况下被看作 multipart/mixed。

multipart 主类型用于表示 MIME 组合消息，它是 MIME 协议中最重要的一种类型。一封 MIME 邮件中的 MIME 消息可以有 3 种组合关系：混合、关联、选择，它们对应 MIME 类型如下。

- multipart/mixed：表示消息体中的内容是混合组合类型，内容可以是文本、声音和附件等不同邮件内容的混合体。例如，多媒体邮件的 MIME 类型就必须定义为 multipart/mixed。
- multipart/related：表示消息体中的内容是关联（依赖）组合类型。例如，邮件正文要使用 HTML 代码引用内嵌的图片资源，它们组合成的 MIME 消息的 MIME 类型就应该定义为 multipart/related，表示其中某些资源（HTML 代码）要引用（依赖）另外的资源（图像数据），引用资源与被引用的资源必须组合成 multipart/related 类型的 MIME 组合消息。
- multipart/alternative：表示消息体中的内容是选择组合类型。例如，一封邮件的邮件正文同时采用 HTML 格式和普通文本格式进行表达时，就可以将它们嵌套在一个

multipart/alternative 类型的 MIME 组合消息中。这种做法的好处在于如果邮件阅读程序不支持 HTML 格式时,可以采用其中的文本格式进行替代。

2. Content-Transfer-Encoding 头字段

Content-Transfer-Encoding 域,即传送编码域,它用来说明后面传输的内容的编码方式。

Content-Transfer-Encoding 头字段格式:

```
Content-Transfer-Encoding: [mechanism]
```

其中,mechanism 的值可以指定为 7bit、8bit、Binary、Quoted-Printable、Base64。其中,7bit 是默认的编码方式。电子邮件源码最初设计为全部是可打印的 ASCII 码的形式。非 ASCII 码的文本或数据要编码成要求的格式。Base64、Quoted-Printable 是在非英语国家使用最广使的编码方式。Binary 方式只具有象征意义,而没有任何实用价值。近年来,国内多数邮件服务器已经支持 8bit 方式,因此只在国内传输的邮件,特别是在邮件头中,可直接使用 8bit 编码,对汉字不做处理。如果邮件要出国,还是要按 Base64 或 Quoted-Printable 编码才行。

3. Content-Disposition 头字段

Content-Disposition 头字段用于指定邮件阅读程序处理数据内容的方式,有 inline 和 attachment 两种标准方式,inline 表示直接处理,而 attachment 表示当作附件处理。如果将 Content-Disposition 设置为 attachment,在其后还可以指定 filename 属性。

Content-Disposition 头字段格式:

```
Content-Disposition: attachment; filename="1.bmp"
```

上面的 MIME 头字段表示 MIME 消息体的内容为邮件附件,附件名"1.bmp"。

4. Content-ID 头字段

Content-ID 头字段用于为 multipart/related 组合消息中的内嵌资源指定一个唯一标识号,在 HTML 格式的正文中可以使用这个唯一标识号来引用该内嵌资源。例如,假设将一个表示内嵌图片的 MIME 消息的 Content-ID 头字段设置为如下格式。

```
Content-ID: aeu_logo_gif
```

那么,在 HTML 正文中就需要使用如下 HTML 语句来引用该图片资源。

```
<img src="cid:aeu_logo_gif">
```

注意:在引用 Content-ID 头字段标识的内嵌资源时,要在资源的唯一标识号前面加上"cid:",以说明要采用唯一标识号对资源进行引用。

5. Content-Location 头字段

Content-Location 头字段用于为内嵌资源设置一个 URI 地址,这个 URI 地址可以是绝对的,也可以是相对的。当使用 Content-Location 头字段为一个内嵌资源指定一个 URI 地址后,在 HTML 格式的正文中也可以使用这个 URI 来引用该内嵌资源。例如,假设将一个表示内嵌图片的 MIME 消息的 Content-Location 头字段设置为如下格式。

```
Content-Location:http://www.aeu.edu.cn/images/aeu_logo.gif
```

那么,在 HTML 正文中就可以使用如下 HTML 语句来引用该图片资源。

```
<img src="http://www.aeu.edu.cn/images/aeu_logo.gif">
```

6. Content-Base 头字段

Content-Base 头字段用于为内嵌资源设置一个基准路径,只有这样,Content-Location 头字段中设置的 URI 才可以采用相对地址。例如,假设将一个表示内嵌图片的 MIME 消息的 Content-Base 和 Content-Location 头字段设置为如下格式。

```
Content-Base: http://www.aeu.edu.cn/images/
Content-Location: aeu_logo.gif
```

那么,内嵌资源的完整路径就是 Content-Base 头字段设置的基准路径与 Content-Location 头字段设置的相对路径相加的结果,在 HTML 正文中就可以使用如下 HTML 语句来引用该图片资源。

```
<img src="http://www.aeu.edu.cn/images/aeu_logo.gif">
```

6.3.5　MIME 邮件体

邮件内容有各种各样的,有纯文本、超文本、内嵌资源(如内嵌在超文本中的图片)、附件的组合等,服务器如何知道该邮件是哪些的混合呢?

通过第一个 Content-Type 来识别,如果是纯文本,则该头为

```
Content-Type: text/plain; charset=GBK
```

如果包含了其他内容,邮件体被分为多个段,段中可再包含段,每个段又包含段头和段体两部分。Content-Type 为 multipart 类型。multipart 类型又分为 3 种,这 3 种的关系如图 6-7 所示。

可以看出,如果在邮件中要添加附件,必须定义 multipart/mixed 段;如果存在内嵌资源,至少要定义 multipart/related 段;如果纯文本与超文本共存,至少要定义 multipart/alternative 段。什么是"至少"?举个例子说,如果只有纯文本与超文本正文,那么在邮件头中将类型扩大化,定义为 multipart/related 甚至 multipart/mixed 都是允许的。

multipart 诸类型的共同特征是,在段头指定 boundary 参数字符串,段体内的每个子段

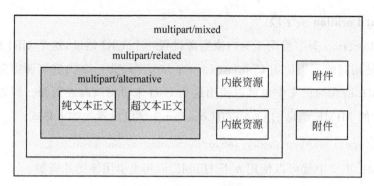

图 6-7 multipart 类型

以此串定界。所有的子段都以"--"＋boundary 行开始，父段则以"--"＋boundary＋"--"行结束。段与段之间也以空行分隔。在邮件体是 multipart 类型的情况下，邮件体的开始部分（第一个"--"＋boundary 行之前）可以有一些附加的文本行，相当于注释，解码时应忽略。

另外，构成邮件体的各段都有自己的属性，这些属性由段头的域来说明。表 6-2 给出了段头中常见的域。

表 6-2 段头中常见的域

域　　名	含　　义
Content-Type	段体的类型
Content-Transfer-Encoding	段体的传输编码方式
Content-Disposition	段体的安排方式
Content-ID	段体的 ID
Content-Location	段体的位置（路径）
Content-Base	段体的基位置

各域的含义与邮件头中同名的域的含义一样，只是前者的作用域为段，而后者的作用域为整个邮件体。

6.3.6 实例

以 163 邮箱发送的邮件为例，下面通过各种类型的邮件原文来说明上面的内容。

1. 最简单的纯文本邮件

最简单的纯文本邮件如图 6-8 所示。

图 6-8 中的邮件只包含一行文本（最后一行）"Hello World. I am Mr. Qiu."。所以，第 22、23 行说明了正文格式和编码，接着就是数据内容（段头和段体隔一空行，第 26 行）。

```
 1  Return-path: <admin@aeu.edu.cn>
 2  Received: from WorldClient by mail.aeu.edu.cn (MDaemon PRO v11.0.3)
 3      with ESMTP id md50000000008.msg
 4      for <qxf@aeu.edu.cn>; Tue, 09 Jun 2020 10:01:36 +0800
 5  Authentication-Results: mail.aeu.edu.cn
 6      auth=pass smtp.mail=admin@aeu.edu.cn
 7  X-Spam-Processed: mail.aeu.edu.cn, Tue, 09 Jun 2020 10:01:36 +0800
 8      (not processed: message from trusted or authenticated source)
 9  X-Authenticated-Sender: admin@aeu.edu.cn
10  X-Rcpt-To: qxf@aeu.edu.cn
11  X-MDRcpt-To: qxf@aeu.edu.cn
12  X-Return-Path: admin@aeu.edu.cn
13  X-Envelope-From: admin@aeu.edu.cn
14  X-MDaemon-Deliver-To: qxf@aeu.edu.cn
15  Received: by aeu.edu.cn via WorldClient with HTTP;
16      Tue, 09 Jun 2020 10:01:33 +0800
17  Date: Tue, 09 Jun 2020 10:01:33 +0800
18  From: "admin" <admin@aeu.edu.cn>
19  To: qxf@aeu.edu.cn
20  Subject: HelloWorld
21  MIME-Version: 1.0
22  Content-Type: text/plain; charset="gb2312"
23  Content-Transfer-Encoding: 8bit
24  Message-ID: <WC20200609020133.970001@aeu.edu.cn>
25  X-Mailer: WorldClient 11.0.3
26
27  Hello World. I am Mr. Qiu.
```

图 6-8　纯文本邮件

2. 文本和超文本

正常发送的邮件一般至少有一个正文一个超文本,除非特别指定为纯文本。本例邮件包含一个文本和一个超文本,如图 6-9 所示。

```
 1  Return-path: <qxf@aeu.edu.cn>
 2  Received: from WIN-AEU-Master by mail.aeu.edu.cn (MDaemon PRO v11.0.3)
 3      with ESMTP id md50000000010.msg
 4      for <admin@aeu.edu.cn>; Tue, 09 Jun 2020 12:02:47 +0800
 5  Authentication-Results: mail.aeu.edu.cn
 6      auth=pass smtp.mail=qxf@aeu.edu.cn
 7  X-Spam-Processed: mail.aeu.edu.cn, Tue, 09 Jun 2020 12:02:47 +0800
 8      (not processed: message from trusted or authenticated source)
 9  X-Authenticated-Sender: qxf@aeu.edu.cn
10  X-Rcpt-To: admin@aeu.edu.cn
11  X-MDRcpt-To: admin@aeu.edu.cn
12  X-MDRemoteIP: 192.168.220.129
13  X-Return-Path: qxf@aeu.edu.cn
14  X-Envelope-From: qxf@aeu.edu.cn
15  X-MDaemon-Deliver-To: admin@aeu.edu.cn
16  Date: Tue, 09 Jun 2020 12:02:45 +0800
17  From: "qxf" <qxf@aeu.edu.cn>
18  To: "admin" <admin@aeu.edu.cn>
19  Subject: HyberText
20  X-Mailer: NetEase FlashMail 2.4.1.32
21  X-Priority: 3 (Normal)
22  MIME-Version: 1.0
23  Message-ID: <5EDF09E4.5070008@aeu.edu.cn>
24  Content-Type: multipart/alternative;
25      boundary="NetEase-FlashMail-003-a26f0cfe-ea8b-444d-8436-9a1e843d01fd"
26
27  --NetEase-FlashMail-003-a26f0cfe-ea8b-444d-8436-9a1e843d01fd
28  Content-Type: text/plain; charset="utf-8"
```

图 6-9　文本和超文本邮件

```
29    Content-Transfer-Encoding: base64
30
31    SSBhbSBNci4gUWll1Lg==
32
33    --NetEase-FlashMail-003-a26f0cfe-ea8b-444d-8436-9a1e843d01fd
34    Content-Type: text/html; charset="utf-8"
35    Content-Transfer-Encoding: base64
36
37    PCFET0NUWVBFIEhUTUwgUFVCTElDICItLy9XM0MvL0RURCBIVE1MIDQuMCBUcmFuc210aW9uYWwv-
38    L0VOIj4NCjxIVE1MPjxIRUFEPg0KPFNUWUxFIHR5cGU9dGV4dC9jc3M+IDwhLS1AaW1wb3J0IHVy-
39    bChzY3JvbGxiYXIuY3NzKTsgLS0+PC9TVFlMRT4NCg0KPE1FVEEgY29udGVudD0idGV4dC9odG1s-
40    OyBjaGFyc2V0PXV0Zi04IiBodHRwLWVxdWl2PUNvbnRlbnQtVHlwZT4NCjxTVFlMRT5CTE9DS1FV-
41    T1RFe21hcmdpbi1Ub3A6IDBweDsgbWFyZ2luLUJvdHRvbTogMHB4OyBtYXJnaW4tTGVmdDogMmVt-
42    fTsKCQkJCU9MLCBVTHttYXJnaW4tVG9wOiAwcHg7IG1hcmdpbi1Cb3R0b206IDBweH07CgkJCQlw-
43    e21hcmdpbi1Ub3A6A6MGVtOyBtYXJnaW4tQm90dG9tOiBweH07CgkJCQlib2R5e0ZPTlQtU0la-
44    b2R5e0ZPTlQtU01aRTo1MnB0OyBGT05ULUZBTUlMWTrlrovkvZMsc2VyaWY7fTsKCQk8L1NUWUxF-
45    Pg0KDQo8TUVUQSBuYW1lPUdFTkVSQVRPUiBjb250ZW50PSJNU0hUTUwgMTEuMDAUOTYWMC4xNzQx-
46    NiI+PEJBU0UgdGFyZ2V0PV9ibGFuaz48IS0tIGZsYXNobWFpbCBzdHlsZSBiZWdpbiAtLT4NCjxT-
47    VFlMRSB0eXBlPXRleHQvY3NzPgpibG9ja3F1b3RlIHtttYXJnaW4tdG9wOjA7bWFyZ2luLWJvdHRv-
48    bTowO21hcmdpbi1sZWZ0OjJlbX0KYm9keSB7cGFkZGluZzowO21hcmdpbjowfQppbWcgewJvcmRl-
49    cjowO21hcmdpbjowO3BhZGRpbmc6MH0KPC9TVFlMRT4NCjxCQVNFIHRhcmdldD1fYmxhbms+PCEt-
50    LSBmbGFzaG1haWwgc3R5bGUgZW5kIC0tPjwvSEVBRD4NCjxCT0RZIA0Kc3R5bGU9IkJPUkRFUi1M-
51    RUZULVdJRFRIOiAwcHg7IEJPUkRFUi1SSUdIVC1XSURUSDogMHB4OyBCT1JERVItQk9UVE9NLVdJ-
52    RFRIOiAwcHg7IE1BUkdJTjogMTJweDsgTElORS1IRUlHSFQ6IDEuMzsgQk9SREVSLVRPUC1XSURU-
53    SDogMHB4IiANCm1hcmdpbmhlaWdodD0iMCIgbWFyZ2lud21kdGg9IjAiPg0KPERJVj5JIGFtIE1y-
54    LiBRaXUuPC9ESVY+PC9CT1RZPjwvSFRNTD4=
55
56    --NetEase-FlashMail-003-a26f0cfe-ea8b-444d-8436-9a1e843d01fd--
```

图 6-9 （续）

图 6-9 中的邮件包含一个文本和一个超文本，所以第 24 行 Content-Type：multipart/alternative；接着为 boundary 参数。下面为两个元素，每个元素以"--"+boundary 开头，然后是 Content-Type：…，如第 28 和 34 行。

注意：上一个元素的数据和下一个元素的头之间无须空行。段以"--"+boundary+"--"结束，如 56 行。

第 31 行经 Base64 解码后为文本"I am Mr. Qiu."。

第 37~54 行经 Base64 解码后，为一段 HTML 代码，如图 6-10 所示。

```
1    <!DOCTYPE HTML PUBLIC "-//W3C//DTD HTML 4.0 Transitional//EN">
2    <HTML><HEAD>
3    <STYLE type=text/css> <!--@import url(scrollbar.css); --></STYLE>
4
5    <META content="text/html; charset=utf-8" http-equiv=Content-Type>
6    <STYLE>BLOCKQUOTE{margin-Top: 0px; margin-Bottom: 0px; margin-Left: 2em};
7                 OL, UL{margin-Top: 0px; margin-Bottom: 0px};
8                 p{margin-Top:0em; margin-Bottom:0px; padding:0px;};
9                 body{FONT-SIZE:12pt; FONT-FAMILY:"宋体",serif;};
10           </STYLE>
11
12   <META name=GENERATOR content="MSHTML 11.00.9600.17416"><BASE target=_blank><!--
     flashmail style begin -->
13   <STYLE type=text/css>
14   blockquote {margin-top:0;margin-bottom:0;margin-left:2em}
15   body {padding:0;margin:0}
16   img {border:0;margin:0;padding:0}
17   </STYLE>
18   <BASE target=_blank><!-- flashmail style end --></HEAD>
19   <BODY
20   style="BORDER-LEFT-WIDTH: 0px; BORDER-RIGHT-WIDTH: 0px; BORDER-BOTTOM-WIDTH: 0px;
     MARGIN: 12px; LINE-HEIGHT: 1.3; BORDER-TOP-WIDTH: 0px"
21   marginheight="0" marginwidth="0">
22   <DIV>I am Mr. Qiu.</DIV></BODY></HTML>
```

图 6-10 超文本内容

3. 文本、超文本、附件

本例包含文本、超文本和附件的邮件如图 6-11 所示。

```
1   Return-path: <qxf@aeu.edu.cn>
2   Received: from WIN-AEU-Master by mail.aeu.edu.cn (MDaemon PRO v11.0.3)
3       with ESMTP id md50000000011.msg
4       for <admin@aeu.edu.cn>; Tue, 09 Jun 2020 12:54:43 +0800
5   Authentication-Results: mail.aeu.edu.cn
6       auth=pass smtp.mail=qxf@aeu.edu.cn
7   X-Spam-Processed: mail.aeu.edu.cn, Tue, 09 Jun 2020 12:54:43 +0800
8       (not processed: message from trusted or authenticated source)
9   X-Authenticated-Sender: qxf@aeu.edu.cn
10  X-Rcpt-To: admin@aeu.edu.cn
11  X-MDRcpt-To: admin@aeu.edu.cn
12  X-MDRemoteIP: 192.168.220.129
13  X-Return-Path: qxf@aeu.edu.cn
14  X-Envelope-From: qxf@aeu.edu.cn
15  X-MDaemon-Deliver-To: admin@aeu.edu.cn
16  Date: Tue, 09 Jun 2020 12:54:42 +0800
17  From: "qxf" <qxf@aeu.edu.cn>
18  To: "admin" <admin@aeu.edu.cn>
19  Subject: Hello
20  X-Mailer: NetEase FlashMail 2.4.1.32
21  X-Priority: 3 (Normal)
22  MIME-Version: 1.0
23  Message-ID: 5EDF1611.4090603@aeu.edu.cn
24  Content-Type: multipart/mixed;
25      boundary="NetEase-FlashMail-001-bfc4f3e2-af65-4780-93ac-2be36236cb78"
26
27  --NetEase-FlashMail-001-bfc4f3e2-af65-4780-93ac-2be36236cb78
28  Content-Type: multipart/alternative;
29      boundary="NetEase-FlashMail-003-bfc4f3e2-af65-4780-93ac-2be36236cb78"
30
31  --NetEase-FlashMail-003-bfc4f3e2-af65-4780-93ac-2be36236cb78
32  Content-Type: text/plain; charset="utf-8"
33  Content-Transfer-Encoding: base64
34
35  77u/SSBhbSBNci4gUWllLg0KICA=
36
37  --NetEase-FlashMail-003-bfc4f3e2-af65-4780-93ac-2be36236cb78
38  Content-Type: text/html; charset="utf-8"
39  Content-Transfer-Encoding: base64
40
41  PCFET0NUWVBFIEhUTUwgUFVCTElDICItLy9XM0MvL0RURCBIVElMIDQuMCBUcmFuc2l0aW9uYWwv
42  L0VOIj4NCjxIVElMPjxIRUFEPg0KPFNUWUxFIHR5cGU9dGV4dC9jc3M+IDwhLSlAaWlwb3J0IHVy
43  bChzY3JvbGxi YXIuY3NzKTsgLS0+PC9TVFlMRT4NCg0KPFElFVEEgY29udGVudD0idGV4dC9odGls
44  OyBjaGFyc2V0PV0PXV0Zi04IiBodHRwLWVxdWl2PUNvbnRlbnRlbnVGVHlwZT4NCjxTVFlMRT5CTE9DS1FV
45  TlRFe2lhcmdpbilUb3A6A6IDBweDsgbWFyZ2luLUJvdHRvbTogMHB4OyBtYXJnaW4tdGVGVmdDogMmVt
46  fTsKCQkJCU9MLCBVTHttYXJnaW4tdG9wOiAwcHg7IGlhcmdpbilCb3R0b206IDBweH07CgkJCQlw
47  e2lhcmdpbilUb3A6MGVtOyBtYXJnaW4tQm90dG9tOjBweESgcGFkZGluZzowwcHg7fTsgCgkJCQli
48  b2R5e02PTlQtUz0IaRToxMnB0OyUZTt05ULUZBTlMWTr1rovkvZMsc2VyaWY7fTsKCQk8L1NUWUxF
49  Pg0KDQo8TUVVQSBuYW1lPUdFTkVSQVRPUiBjb250ZW50PSJNU0hUTUwgMTEuMDAuOTTYwMC4xNzQx
50  NiI+PEJPU0UgdgFyZ2V0PV9ibGGuaz48I50tIGZzYXNobWFpbHpbCBzdGFydCAtLT4NCjxT
51  VFlMRSB0eXBlPXRleHQvY3NzPgpibG9ja3a3Fib3RlIHttYXJnaW4tdG9wOjA7bWFyZ2luLWJvdHRv
52  bTow02lhcmdpbilsZWZ0O0jJlbX0Ym9keSB7cGFkZGluZzow02lhcmdpbjowfQppbWcge2JvcmRl
53  cjow02lhcmdpbjow03BhZGRpbmc6MH0KPC9TVFlMRT4NCjxCQVNFIHRhcmdldDlfYmxhbbms+PCEt
54  LSBmbGFzaGlhaWwgc3R5bGUgZW5kIC0tPjwvSEVBRD4NCjxCT0RZIA0Kc3R5bGU9IkJPUkRFUilM
55  RUZULVdjRFRIOiAwcHg7IEJPUkRFUilSSUdIVClXSURUUSDogMHB4OyBCT0RlRTlERVItQk9UVE9NLVdj
56  RFRIOiAwcHg7IElBUkdJTjogMTJweDsgTE9RS1lIRU1HSFFS6IDEuMzsgQk9SREVSLVVRPUClXSURU
57  SDogMHB4IiANCmlhcmdpbilhaWdodD0wMCIgbWFyZ2ludd0yMkkdGg9IjAiPjxUVEFFUSU9ORVJJPg0K
58  PERJViBzdHlsZT0iRk9VQlQtU0laRT6IFRpbWVzIE5ldyBSb21hbbiI+77u/SSBhbSBNci4gUWll
59  LjwvRElWPjwvUlBBVElPTkVSWT48UlBBTiANCnRpdGxlPW5ldGVhc2Vmb290ZXI+Jm5ic3A7PC9T
60  UEFOPiA8L0JPRFFk+PC9IVElMPg==
61
62  --NetEase-FlashMail-003-bfc4f3e2-af65-4780-93ac-2be36236cb78--
63
64  --NetEase-FlashMail-001-bfc4f3e2-af65-4780-93ac-2be36236cb78
65  Content-Type: application/octet-stream; name="readme.txt"
```

图 6-11　包含文本、超文本和附件的邮件

```
66   Content-Transfer-Encoding: base64
67   Content-Disposition: attachment; filename="readme.txt"
68
69   SGVsbG8gV29ybGGQuIEkgYW0gTXIuIFFpdS4=
70
71   --NetEase-FlashMail-001-bfc4f3e2-af65-4780-93ac-2be36236cb78--
```

图 6-11　（续）

图 6-11 的邮件体包含了一个文本、一个超文本和一个文本附件。注意看第 24 行的 Content-Type 和 boundary 参数及第 28 行，第 28 行是第 24 行的子元素的同时，也是一个嵌套的段，所以也有一个独有的 boundary 参数，和上面的 multipart 参数的关系一样，可以是一层层的嵌套关系。

4. 所有类型

包含所有类型的邮件的部分截图，如图 6-12 所示。

```
1    Return-path: <qxf@aeu.edu.cn>
2    Received: from WIN-AEU-Master by mail.aeu.edu.cn (MDaemon PRO v11.0.3)
3        with ESMTP id md50000000014.msg
4        for <admin@aeu.edu.cn>; Tue, 09 Jun 2020 13:11:53 +0800
5    Authentication-Results: mail.aeu.edu.cn
6        auth=pass smtp.mail=qxf@aeu.edu.cn
7    X-Spam-Processed: mail.aeu.edu.cn, Tue, 09 Jun 2020 13:11:53 +0800
8        (not processed: message from trusted or authenticated source)
9    X-Authenticated-Sender: qxf@aeu.edu.cn
10   X-Rcpt-To: admin@aeu.edu.cn
11   X-MDRcpt-To: admin@aeu.edu.cn
12   X-MDRemoteIP: 192.168.220.129
13   X-Return-Path: qxf@aeu.edu.cn
14   X-Envelope-From: qxf@aeu.edu.cn
15   X-MDaemon-Deliver-To: admin@aeu.edu.cn
16   Date: Tue, 09 Jun 2020 13:11:53 +0800
17   From: "qxf" <qxf@aeu.edu.cn>
18   To: "admin" <admin@aeu.edu.cn>
19   Subject: Mixed
20   X-Mailer: NetEase FlashMail 2.4.1.32
21   X-Priority: 3 (Normal)
22   MIME-Version: 1.0
23   Message-ID: 5EDF1A18.7010909@aeu.edu.cn
24   Content-Type: multipart/mixed;
25       boundary="NetEase-FlashMail-001-c5cdf13a-688f-4c44-859e-7bc8224cd001"
26
27   --NetEase-FlashMail-001-c5cdf13a-688f-4c44-859e-7bc8224cd001
28   Content-Type: multipart/related;
29       boundary="NetEase-FlashMail-002-c5cdf13a-688f-4c44-859e-7bc8224cd001"
30
31   --NetEase-FlashMail-002-c5cdf13a-688f-4c44-859e-7bc8224cd001
32   Content-Type: multipart/alternative;
33       boundary="NetEase-FlashMail-003-c5cdf13a-688f-4c44-859e-7bc8224cd001"
34
35   --NetEase-FlashMail-003-c5cdf13a-688f-4c44-859e-7bc8224cd001
36   Content-Type: text/plain; charset="utf-8"
37   Content-Transfer-Encoding: base64
38
39   ICANCiANCiDvu79IZWxsbyBXb3JsZC4NCg0KMjAyMC0wNi0wOQ0KcXhmICANCiANCiAgDQoNCg0K
40   ICA=
41
42   --NetEase-FlashMail-003-c5cdf13a-688f-4c44-859e-7bc8224cd001
43   Content-Type: text/html; charset="utf-8"
44   Content-Transfer-Encoding: base64
45
46   PCFET0NUWVBFIEhUTUwgUFVCTElDICItLy9XM0MvL0RURCBIVE1MIDQuMCBUcmFuc2l0aW9uYWwv
47   L0VOIj4NCjxIVE1MPjxIRUFEPg0KPKFNUWUxFIHR5cGU9dGV4dC9jc3M+IDwhLS1AaW1wb3J0IHVy
48   bChzZXJzCxiYYIuY3NzKTssIS0+PC9TVFlMRT4NCg0KPKDEFIFVFEqX29udDQidCVdc9odC1
```

图 6-12　包含所有类型的邮件示例

132

```
271   XMRGfMRInMRKvMRM3MRO/MRQHMVSPMVUrLmBAAA7
272
273   --NetEase-FlashMail-002-c5cdf13a-688f-4c44-859e-7bc8224cd001
274   Content-Type: image/gif; name="birthday_d_mid.gif"
275   Content-Transfer-Encoding: base64
276   Content-Disposition: inline; filename="birthday_d_mid.gif"
277   Content-ID: <flashmail$ToeoBNjC$1591679512__2@nmmp>
278
279   R0lGODlhCQBgAMQAAPf7//7+//n7//T4//b6//v9//X4//j8//b5//n9//v+//X5//j7//f6//z+
280   //n8//7///3+//r9/////wAAAAAAAAAAAAAAAAAAAAAAAAAAAAAAAAAAAAAAAAAAAAAACH5BAAA
281   AAAALAAAAAAJAGAAAAWZoCCO42Cep6GubOu6SyzPdG3fSK7vfN8TwKBwSCQ2jsikcslsOgHQpHQa
282   ZViv2Kx2y+0evuCweDx+mM/otHrNbrcT8Lh8Tq/bJfi8fs/v+/+AfgWDhIWGh4cKiouMjY6bkA6S
283   k5SVlpeYmZkRnJ2en6ChoqOkogGnqKgQq6ytrq+wsbKyE7W2t7i5uru8vb6/wMHCw8TFxrshADs=
284
285   --NetEase-FlashMail-002-c5cdf13a-688f-4c44-859e-7bc8224cd001
286   Content-Type: image/gif; name="coffe_d_line.gif"
287   Content-Transfer-Encoding: base64
288   Content-Disposition: inline; filename="coffe_d_line.gif"
289   Content-ID: <flashmail$4c8LnRen$1591679512__3@nmmp>
290
291   R0lGODlhBQAaALMAAOXt+Pn7/ff5/ezx+uHq9/j6/eLr9/b5/Ofu+OLq9+Ts9/////wAAAAAAAAA
292   AAAAACH5BAAAAAAALAAAAAAFABoAAAQWcMlJq704682710JwFIECGIlCIIAyRAA7
293
294   --NetEase-FlashMail-002-c5cdf13a-688f-4c44-859e-7bc8224cd001
295   Content-Type: image/gif; name="birthday_bottom.gif"
296   Content-Transfer-Encoding: base64
297   Content-Disposition: inline; filename="birthday_bottom.gif"
298   Content-ID: <flashmail$XSd73ER3$1591679512__4@nmmp>
299
300   R0lGODlhsAEhAOYAAPL6/+Hx/2uCjtzx/7TW//j81/T7/b8/9rv0cXi/8rm/9nt/9nx/+Xy/93u
301   //z9/9Tp/9Xu/+H0/+75/+f21uz4/9Hp/3CFjs3l//r8/77e/+j2ye75kuf2/87p//3+4vb7//T7
302   x+f2aPH6/+r0//D4/+r3t5KnsvL4/+b2/+72/8Ha//z+6/3+8cHe/+z2/7fa/+n3/+T0/+T0/+T0/P7t8nj
367   SAh7IKZ/EAgAOw==
368
369   --NetEase-FlashMail-002-c5cdf13a-688f-4c44-859e-7bc8224cd001--
370
371   --NetEase-FlashMail-001-c5cdf13a-688f-4c44-859e-7bc8224cd001
372   Content-Type: application/octet-stream; name="readme.txt"
373   Content-Transfer-Encoding: base64
374   Content-Disposition: attachment; filename="readme.txt"
375
376   SGVsbG8gV29ybGQuIEkgkgYW0gTXIuIFFpdS4=
377
378   --NetEase-FlashMail-001-c5cdf13a-688f-4c44-859e-7bc8224cd001
379   Content-Type: image/png; name="2020-06-09_130432.png"
380   Content-Transfer-Encoding: base64
381   Content-Disposition: attachment; filename="2020-06-09_130432.png"
382
383   iVBORw0KGgoAAAANSUhEUgAAACcAAAAZCAIAAAA9saC/AAAACXBIWXMAAABYlAAAWJQFJUiTwAAAE
384   WUlEQVR42mP4PxCAYdTWoWjr+3snLq6tn9pdXXw8kunc+ePCGgtrb++//714en51fXd/owqIgwMDBo
385   i4uXHDx4k7a2/yn2/sWOnr4UF2l+BnYWetn689PL5g7QCi+t0FWDi41VwTq7OTCeF//335/ffn0zs2h
403   k+B1zurH/8F5kra2/gMWT98+vITXr+9+/geXP1QAAOQj9LTzWjotAAAAAElFTkSuQmCC
404
405   --NetEase-FlashMail-001-c5cdf13a-688f-4c44-859e-7bc8224cd001--
```

图 6-12　（续）

注意：图 6-12 中省略了多行 Base64 编码的内容。

6.4 POP3

6.4.1 POP3 概述

POP3 是邮局协议第 3 版。它被用户代理用来从邮件服务器取得邮件。POP3 采用的也是客户机/服务器通信模型,对应的 RFC 文档为 RFC 1939。该协议非常简单,所以下面只重点介绍其通信过程。

6.4.2 POP3 的通信过程

用户从邮件服务器上接收邮件的典型通信过程如下。

(1) 用户运行用户代理(如 Foxmail、Outlook Express)。

(2) 用户代理(以下简称客户端)与邮件服务器(以下简称服务器端)的 110 端口建立 TCP 连接。

(3) 客户端向服务器端发出各种命令,来请求各种服务(如查询邮箱信息、下载某封邮件等)。

(4) 服务端解析用户的命令,做出相应动作并返回给客户端一个响应。

(5) 以上步骤(3)和(4)交替进行,直到接收完所有邮件转到步骤(6),或两者的连接被意外中断而直接退出。

(6) 用户代理解析从服务器端获得的邮件,以适当的形式(如可读)呈现给用户。

上面的步骤(2)、(3)和(4)采用 POP3 通信。可以看出命令和响应是 POP3 通信的重点,下面重点讲述。

6.4.3 POP3 的命令和响应

1. POP3 的命令和响应格式

POP3 的命令不多,它的一般格式:

```
COMMAND [Parameter]<CRLF>
```

其中,COMMAND 是 ASCII 形式的命令名,Parameter 是相应的命令参数,<CRLF>是回车换行符(0DH,0AH)。

服务器响应是由一个单独的命令行或多个命令行组成。所有响应也是以<CRLF>结尾。响应第一行+OK 或−ERR 开头,然后再加上一些 ASCII 文本。其中,+OK 和−ERR 分别指出相应的操作状态是成功的还是失败的。

2. POP3 的 3 种状态

POP3 中有 3 种状态:认证状态、处理状态和更新状态。命令的执行可以改变协议的状态,而对于具体的某命令,它只能在具体的某状态下使用,这些请参看表 6-3 和 RFC 1939。

客户机与服务器刚与服务器建立连接时,它的状态为认证状态;一旦客户机提供了自己身份并被成功地确认,即由认可状态转入处理状态;在完成相应的操作后客户机发出 QUIT 命令,则进入更新状态,更新之后又重返认证状态;当然在认证状态下执行 QUIT 命令,可释放连接。POP3 状态间的转移如图 6-13 所示。

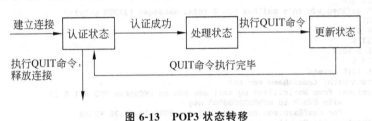

图 6-13 POP3 状态转移

6.4.4 POP3 的交互实例

POP3 的命令和响应的格式是语法,各命令和响应的意思则是语义,各命令和各响应在时间上的关系则是同步。下面还是通过一个简单的 POP3 通信过程来说明 POP3 的这 3 个要素,如图 6-14 所示。

POP3 交互过程及其解释如下。

```
C: telnet pop3.aeu.edu.cn 110        /＊首先以 Telnet 方式连接邮件服务器＊/
S: +OK mail.aeu.edu.cn POP3 MDaemon 11.0.3 ready <MDAEMON-F202006091445.
    AA4528190MD3758@aeu.edu.cn>       /＊+OK 表示成功＊/
C: USER qxf@aeu.edu.cn               /＊采用明文认证＊/
S: +OK qxf@aeu.edu.cn... User ok
C: PASS qiu                          /＊发送邮箱密码＊/
S: +OK qxf@aeu.edu.cn's mailbox has 6 total messages (32353 octets)
C: STAT                              /＊请求邮箱统计信息＊/
S: +OK 6 32353                       /＊邮箱共计 6 封邮件,32353 字节＊/
C: LIST 6                            /＊显示第 6 封邮件的信息＊/
S: +OK 6 1016                        /＊第 6 封邮件的大小为 1016 字节＊/
C: RETR 6                            /＊检索第 6 封邮件＊/
S: +OK 1016 octets                   /＊开始传输,共计 1016 字节＊/
Return-path: <admin@aeu.edu.cn>
Received: from WorldClient by mail.aeu.edu.cn (MDaemon PRO v11.0.3)
         with ESMTP id md50000000008.msg
         for <qxf@aeu.edu.cn>; Tue, 09 Jun 2020 10:01:36 +0800
Authentication-Results: mail.aeu.edu.cn
         auth=pass smtp.mail=admin@aeu.edu.cn
```

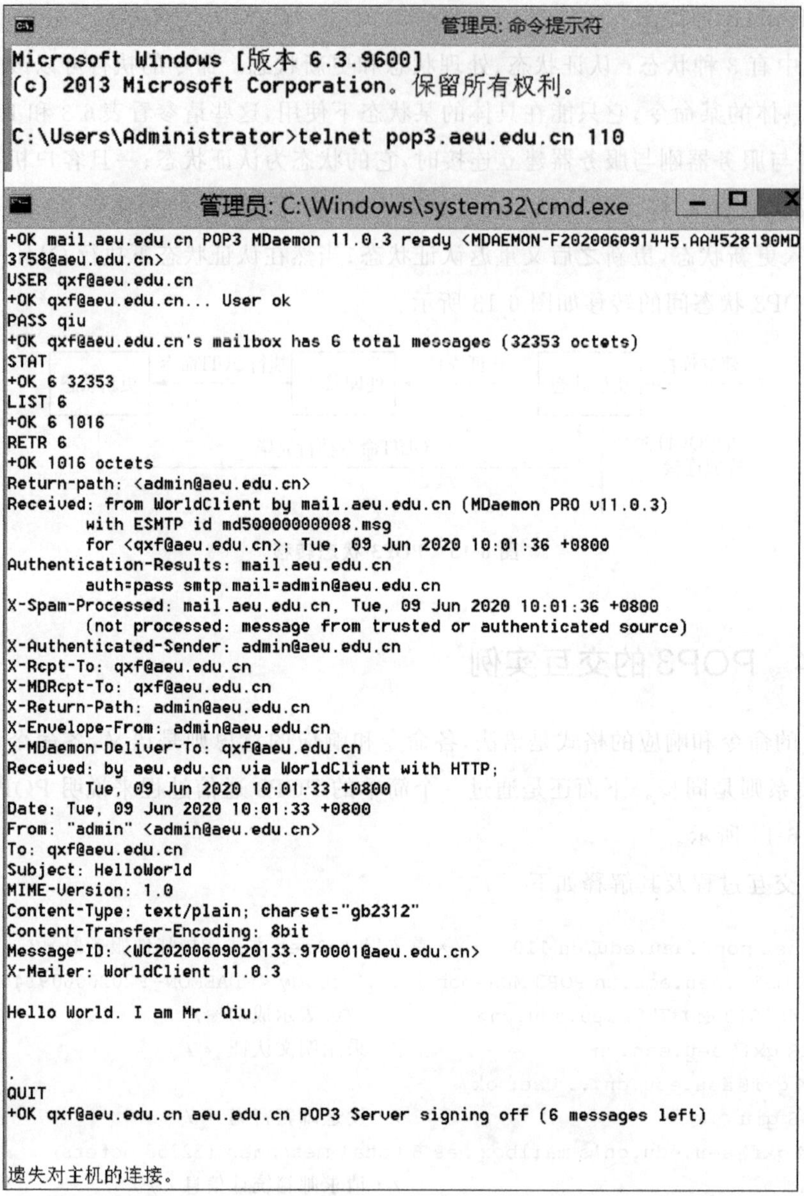

图 6-14 POP3 交互示例

```
X-Spam-Processed: mail.aeu.edu.cn, Tue, 09 Jun 2020 10:01:36 +0800
        (not processed: message from trusted or authenticated source)
X-Authenticated-Sender: admin@aeu.edu.cn
X-Rcpt-To: qxf@aeu.edu.cn
X-MDRcpt-To: qxf@aeu.edu.cn
X-Return-Path: admin@aeu.edu.cn
X-Envelope-From: admin@aeu.edu.cn
X-MDaemon-Deliver-To: qxf@aeu.edu.cn
```

```
Received: by aeu.edu.cn via WorldClient with HTTP;
        Tue, 09 Jun 2020 10:01:33 +0800
Date: Tue, 09 Jun 2020 10:01:33 +0800
From: "admin" <admin@aeu.edu.cn>
To: qxf@aeu.edu.cn
Subject: HelloWorld
MIME-Version: 1.0
Content-Type: text/plain; charset="gb2312"
Content-Transfer-Encoding: 8bit
Message-ID: <WC20200609020133.970001@aeu.edu.cn>
X-Mailer: WorldClient 11.0.3

Hello World. I am Mr. Qiu.

.
C: QUIT        /＊关闭连接＊/
S: +OK qxf@aeu.edu.cn aeu.edu.cn POP3 Server signing off (6 messages left)
        /＊退出成功＊/
```

说明：

（1）上述以"C："开头的行（不包括"C："）是客户端的输入，而以"S："开头的行（不包括"S："）则是服务器的输出。

（2）上述命令并不一定会一次性成功，服务器会返回错误响应（以-ERR 开头），客户端应该按照协议规定的时序来输入后续的命令（或重复执行失败的命令或重置会话或退出会话等）。

（3）上述过程是示意性的，实际过程可能与其有较大不同。例如，实际过程中可能使用加密认证（MD5 摘要认证）。

（4）RETR 下载下来的邮件可能会难以看懂，这是因为它可能使用了 Quoted-Printable 编码或 Base64 编码，可以使用 Foxmail 等用户代理软件来解码。

6.4.5　常用的命令和响应

与 SMTP 命令一样，POP3 命令也不区分大小写，但其参数区分大小写，有关这方面的详细说明请参考 RFC 1939。POP3 常用的命令如表 6-3 所示。

表 6-3　POP3 常用的命令

命令	参　数	使用状态	描　述
USER	Username	认证	此命令与下面的 pass 命令若成功，将导致状态转换
PASS	Password	认证	此命令若成功，状态转换为更新状态
APOP	Name，Digest	认证	Digest 是 MD5 消息摘要

命令	参　数	使用状态	描　　述
STAT	None	处理	请求服务器发回关于邮箱的统计资料,如邮件总数和总字节数
UIDL	[Msg #](邮件号,下同)	处理	返回邮件的唯一标识符,POP3 会话的每个标识符都将是唯一的
LIST	[Msg #]	处理	返回由参数标识的邮件的大小等
RETR	[Msg #]	处理	返回由参数标识的邮件的全部文本
DELE	[Msg #]	处理	服务器将由参数标识的邮件标记为删除,由 QUIT 命令执行
TOP	[Msg #]	处理	服务器将返回由参数标识的邮件的邮件头加上前 n 行内容,n 必须是正整数
NOOP	None	处理	服务器返回一个肯定的响应,用于测试连接是否成功
QUIT	None	处理、认证	① 如果服务器处于处理状态,将进入更新状态,以删除任何标记为删除的邮件,并重返认证状态; ② 如果服务器处于认证状态,则结束会话,退出连接

至于响应则如前所述,由+OK 或-ERR 开头,后跟一些可读的说明和一些其他参数(对 RETR,这个参数就是邮件的内容)。更详细的说明请参考 RFC 1939。

6.5　IMAP

6.5.1　IMAP 概述

IMAP 是邮件访问协议的缩写,以前也称为交互邮件访问协议(Interactive Mail Access Protocol),是斯坦福大学在 1986 年研发的一种邮件获取协议。它的主要作用是邮件客户端(如 MS Outlook Express)可以通过这种协议从邮件服务器上获取邮件信息、下载邮件等。当前的权威定义是 RFC 3501。IMAP 运行在 TCP/IP 之上,使用的端口是 143。它与 POP3 的主要区别是,用户可以不用把所有的邮件全部下载,可以通过客户端直接对服务器上的邮件进行操作。

与 POP3 类似,IMAP 也是提供面向用户的邮件收取服务。常用的版本是 IMAP4。IMAP4 改进了 POP3 的不足,用户可以通过浏览信件头来决定是否收取、删除和检索邮件的特定部分,还可以在服务器上创建或更改文件夹或邮箱,它除了支持 POP3 的脱机操作模式外,还支持联机操作和断连接操作。它为用户提供了有选择的从邮件服务器接收邮件的功能、基于服务器的信息处理功能和共享信箱功能。IMAP4 的脱机模式不同于 POP3,它不会自动删除在邮件服务器上已取出的邮件,其连接(联机)模式和断开连接(脱机)模式也是将邮件服务器作为"远程文件服务器"进行访问,更加灵活方便。

支持连接和断开两种操作模式。当使用 POP3 时,客户端只会连接在服务器上一段的时间,直到它下载完所有新信息,客户端即断开连接。在 IMAP 中,只要用户界面是活动的和下载信息内容是需要的,客户端就会一直连接在服务器上。对于有很多或者很大邮件的用户来说,使用 IMAP4 模式可以获得更快的响应时间。支持多个客户同时连接到一个邮箱。POP3 假定邮箱当前的连接是唯一的连接。相反,IMAP4 允许多个用户同时访问邮箱,同时提供一种机制让客户能够感知其他当前连接到这个邮箱的用户所做的操作。支持访问消息中的 MIME 部分和部分获取。几乎所有的 Internet 邮件都是以 MIME 格式传输的。MIME 允许消息包含一个树状结构,这个树状结构的叶子节点都是单一内容类型,而非叶子节点都是多块类型的组合。IMAP4 允许客户端获取任何独立的 MIME 部分和获取信息的一部分或全部。这些机制使得用户无须下载附件就可以浏览消息内容或者在获取内容的同时浏览。支持在服务器保留消息状态信息。通过使用在 IMAP4 中定义的标识,客户端可以跟踪消息状态,例如,邮件是否被读取、回复或者删除。这些标识存储在服务器,所以多个客户在不同时间访问同一个邮箱可以感知其他用户所做的操作。支持在服务器上访问多个邮箱。IMAP4 客户端可以在服务器上创建、重命名或删除邮箱(通常以文件夹形式显现给用户)。支持多个邮箱还允许服务器提供对于共享和公共文件夹的访问。支持服务器端搜索。IMAP4 提供了一种机制给客户,使客户可以要求服务器搜索符合多个标准的信息。在这种机制下,客户端就无须下载邮箱中所有信息来完成这些搜索。支持一个定义良好的扩展机制。吸取早期 Internet 协议的经验,IMAP 的扩展定义了一个明确的机制。很多对于原始协议的扩展已被提议并广泛使用。无论使用 POP3 还是 IMAP4 来获取消息,客户端都使用 SMTP 来发送。邮件客户可能是 POP 客户端或者 IMAP 客户端,但都会使用 SMTP。

6.5.2　IMAP 状态图

IMAP 的状态图如图 6-15 所示。

说明:

(1) 为未预认证的连接,即 OK 欢迎。

(2) 为预认证的连接,即 PREAUTH 欢迎。

(3) 为被拒绝的连接,即 BYE 欢迎。

(4) 为成功的 LOGIN 或者 AUTHENTICATE 命令。

(5) 为成功的 SELECT 或者 EXAMINE 命令。

(6) 为 CLOSE 命令或者失败的 SELECT、EXAMINE 命令。

(7) 为 LOGOUT 命令,服务器关闭或者连接已经关闭。

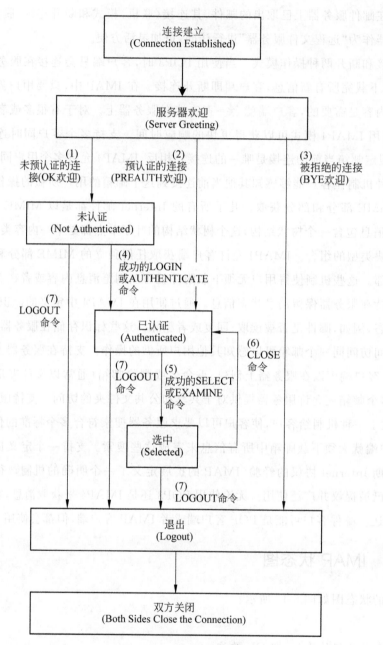

图 6-15　IMAP 状态图

6.5.3　IMAP 命令及其交互实例

我们使用 Telnet 命令来对 aeu.edu.cn 邮箱进行操作，参数分别是邮件服务器地址和端口号（默认端口号为 143，若使用 SSL 连接则端口号为 993），如图 6-16 所示。

连接成功后，服务器返回欢迎信息，如图 6-17 所示。

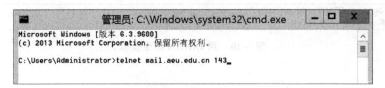

图 6-16　用 Telnet 命令访问邮箱 IMAP 服务

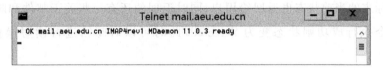

图 6-17　连接成功提示

下面介绍 IMAP 命令及其交互例子。

1. CAPABILITY 命令

CAPABILITY 命令请求服务器返回支持的功能列表。服务器收到客户机发送的 CAPABILITY 命令后,将返回该服务器所支持的功能。该命令无参数,如图 6-18 所示。

```
a01 capability
× CAPABILITY IMAP4rev1 NAMESPACE AUTH=CRAM-MD5 AUTH=LOGIN AUTH=PLAIN IDLE ACL UN
SELECT UIDPLUS
a01 OK CAPABILITY completed
```

图 6-18　CAPABILITY 命令

2. NOOP 命令

NOOP 命令什么也不做,用来向服务器发送自动命令,防止因长时间处于不活动状态而导致连接中断,服务器对该命令的响应始终为肯定。该命令无参数,如图 6-19 所示。

```
a02 noop
a02 OK NOOP completed
```

图 6-19　NOOP 命令

3. STARTTLS 命令

使用 STARTTLS 命令可以加密传输邮件的内容,因为人们使用的 Telnet 不支持加密传输,所以使用明文登录。

4. LOGIN<user><password>命令

使用 LOGIN 命令登录成功后,状态将变为 Authenticated,用 LOGIN 命令登录如图 6-20 所示。

```
a03 login qxf@aeu.edu.cn qiu
a03 OK LOGIN completed
```

图 6-20 用 LOGIN 命令登录

5. SELECT<folder>命令

SELECT 命令让 Client 选定某个邮箱，表示即将对该邮箱内的邮件进行操作。使用该命令后邮箱标志的当前状态也返回给用户，同时返回的还有一些关于邮件和邮箱的附加信息。如果命令执行成功则状态变为 Selected，此时可以对邮箱进行读写操作，如图 6-21 所示。

```
a04 select inbox
* FLAGS (\Seen \Answered \Flagged \Deleted \Draft \Recent)
* 2 EXISTS
* 1 RECENT
* OK [UNSEEN 2] first unseen
* OK [UIDVALIDITY 1591316538] UIDs valid
* OK [UIDNEXT 3] Predicted next UID
* OK [PERMANENTFLAGS (\Seen \Answered \Flagged \Deleted \Draft)] .
a04 OK [READ-WRITE] SELECT completed
```

图 6-21 SELECT 命令

6. EXAMINE <folder>命令

EXAMINE 命令和 SELECT 命令效果一样，返回的内容也类似，区别在于 EXAMINE 是只读的，如图 6-22 所示。

```
a05 examine inbox
* FLAGS (\Seen \Answered \Flagged \Deleted \Draft \Recent)
* 2 EXISTS
* 0 RECENT
* OK [UNSEEN 2] first unseen
* OK [UIDVALIDITY 1591316538] UIDs valid
* OK [UIDNEXT 3] Predicted next UID
* OK [PERMANENTFLAGS ()] No permanent flags permitted
a05 OK [READ-ONLY] EXAMINE completed
```

图 6-22 EXAMINE 命令

7. CREATE<folder>命令

CREATE 命令可以创建指定名字的新邮箱。新邮箱名称通常是带路径的文件夹全名，如图 6-23 所示。

```
a06 create tempbox
a06 OK CREATE completed
```

图 6-23 CREATE 命令

操作成功后，在邮箱文件夹列表中，可以看到新创建的 tempbox 文件夹，如图 6-24 所示。

图 6-24　CREATE 命令创建邮箱

8. RENAME＜old folder＞＜new folder＞命令

RENAME 命令可以修改文件夹的名称。该命令使用两个参数：当前邮箱名和新邮箱名，这两个参数的命名符合标准路径命名规则，如图 6-25 所示。

```
a07 rename tempbox tempmailbox
a07 OK RENAME completed
```

图 6-25　RENAME 命令

RENAME 命令执行成功后，查看邮箱文件夹列表，可以看见重命名后的 tempmailbox 文件夹，如图 6-26 所示。

图 6-26　RENAME 命令执行结果

9. DELETE ＜folder＞命令

DELETE 命令删除指定名字的文件夹。文件夹名字通常是带路径的文件夹全名,当邮箱被删除后,其中的邮件也不复存在,如图 6-27 所示。

```
a08 delete tempmailbox
a08 OK DELETE completed
```

图 6-27　DELETE 命令

DELETE 命令执行成功后,查询邮箱文件夹列表,可以发现 tempmailbox 文件夹已经删除,如图 6-28 所示。

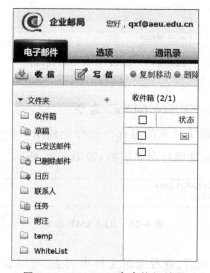

图 6-28　DELETE 命令执行结果

10. SUBSCRIBE ＜mailbox＞命令

SUBSCRIBE 命令用来在客户机的活动邮箱列表中增加一个邮箱,该命令只有一个参数,希望添加的邮箱名,如图 6-29 所示。

```
a09 subscribe temp
a09 OK SUBSCRIBE completed
```

图 6-29　SUBSCRIBE 命令

11. LIST ＜BASE＞＜template＞命令

LIST 命令用于列出邮箱中已有的文件夹,有点像操作系统的列目录命令。该命令有两个参数,第一个参数是邮箱路径参数 BASE,表示用户登录目录;第二个参数 template,表示希望显示的邮箱名。LIST 命令可以包含起始的路径位置和需要列出的文件夹所符合的特征,可以使用通配符 * ,如图 6-30 所示。

```
a10 list "" *
* LIST () "/" "INBOX"
* LIST () "/" "&g016Pw-"
* LIST () "/" "&XfJSIJZkkK509g-"
* LIST () "/" "&XfJT0ZABkK509g-"
* LIST () "/" "temp"
* LIST () "/" "&UWxRcWWHTvZZOQ-/Bayesian Learning"
* LIST () "/" "&UWxRcWWHTvZZOQ-/Bayesian Learning/Non-Spam"
* LIST () "/" "&UWxRcWWHTvZZOQ-/Bayesian Learning/Spam"
a10 OK LIST completed
```

图 6-30　LIST 命令

12. LSUB ＜folder＞＜mailbox＞命令

LSUB 命令修正了 LIST 命令,LIST 返回用户 $ HOME 目录下所有的文件,但 LSUB 命令只显示那些使用 SUBSCRIBE 命令设置为活动邮箱的文件。该命令有两个参数:邮箱路径和邮箱名,如图 6-31 所示。

```
a11 lsub "" *
* LSUB () "/" "Inbox"
* LSUB () "/" "&g016Pw-"
* LSUB () "/" "&XfJT0ZABkK509g-"
* LSUB () "/" "&XfJSIJZkkK509g-"
* LSUB () "/" "temp"
a11 OK LSUB completed
```

图 6-31　LSUB 命令

13. UNSUBSCRIBE ＜mailbox＞命令

UNSUBSCRIBE 命令用来从活动列表中去掉一个邮箱,即取消订阅的一个活动邮箱。该命令有一个参数,即希望去掉的邮箱名,如图 6-32 所示。

```
a12 unsubscribe temp
a12 OK UNSUBSCRIBE completed
```

图 6-32　UNSUBSCRIBE 命令

14. STATUS ＜mailbox＞(＜parameter1＞＜ parameter2＞ …＜parameter5＞)命令

STATUS 命令查询邮箱的当前状态。该命令有两个参数:第一个参数是需要查询的邮箱名;第二个参数是客户机需要查询的项目列表(要查询显示的信息),放在括号中。STATUS 可以在不使用 SELECT 命令(打开邮箱)或者 EXAMINE 命令(以只读方式打开邮箱)的前提下获取邮箱的信息。

STATUS 命令可以获得以下数据项。

* MESSAGE:邮箱中的邮件总数。

- RECENT：邮箱中标志为\RECENT 的邮件数。
- UIDNEXT：可以分配给新邮件的下一个 UID。
- UIDVALIDITY：邮箱的 UID 有效性标志。
- UNSEEN：邮箱中没有被标志为\SEEN 的邮件数。

用 STATUS 命令查询 inbox 邮箱状态如图 6-33 所示。

```
a13 status inbox (uidnext messages)
* STATUS "inbox" (uidnext 3 messages 2)
a13 OK STATUS completed
```

图 6-33　STATUS 命令

15. APPEND ＜folder＞＜attributes＞＜date/time＞＜size＞＜mail data＞命令

APPEND 命令允许客户端上载一个邮件到指定的文件夹/邮箱中。该命令中包含了新邮件的属性、日期/时间、大小以及邮件数据，如图 6-34 所示。

```
a14 append temp (\Seen) {290}
+ Ready for append literal
Date: Mon,8 Jun 2020 13:10:30 +0800 (UTC)
From: qiuxiaofeng <qxf@aeu.edu.cn>
Subject: Hello World
To: qxf@163.com
Message-Id:<B23456-0100000@aeu.edu.cn>
MIME-Version: 1.0
Content-Type: TEXT/PLAIN;CHARSET=US-ASCII

Hello World, I am Mr. Qiu.

a14 OK [APPENDUID 1591341832 3] APPEND completed
```

图 6-34　APPEND 命令

APPEND 命令执行成功后，查询 temp 邮箱，显示的 temp 邮箱的邮件如图 6-35 所示。

收件箱 (2/1)	▼		查询 取消	高级 **temp**[共1封]　未读 - 收件箱: 1	
□	状态	发件人	主题	日期 ⬇	大小
□		qiuxiaofeng	Hello World	06/08/2020 01:10 下午	0kb

图 6-35　temp 邮箱的邮件

打开邮件，显示的邮件内容与命令输入一致，如图 6-36 所示。

16. CHECK 命令

CHECK 命令用来在邮箱设置一个检查点。该命令没有参数，其实就是 IMAP 中的 sync 命令。任何未完成的操作，如从服务器内存向硬盘写数据，都将会被完成以保持邮箱的一致性状态。该命令确保内存中的磁盘缓冲数据都被写到了磁盘上。CHECK 命令如图 6-37 所示。

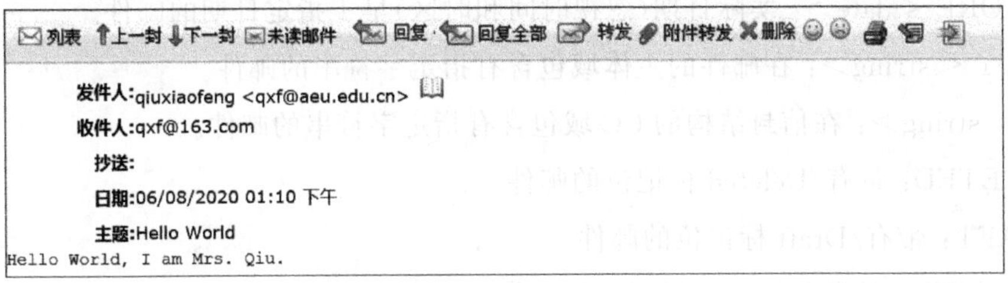

图 6-36　邮件内容

```
a15 check
a15 OK CHECK completed
```

图 6-37　CHECK 命令

17. CLOSE 命令

CLOSE 命令表示 Client 结束对当前文件夹/邮箱的访问,关闭邮箱则该邮箱中所有标志为 DELETED 的邮件都被从物理上删除。CLOSE 命令没有参数。随后可以 SELECT 另一 Folder。CLOSE 命令如图 6-38 所示。

```
a16 close
a16 OK CLOSE completed
```

图 6-38　CLOSE 命令

18. EXPUNGE 命令

EXPUNGE 命令在不关闭邮箱的情况下删除所有的标志为 DELETED 的邮件。EXPUNGE 删除的邮件将不能恢复。EXPUNGE 命令如图 6-39 所示。

```
a17 expunge
a17 OK EXPUNGE completed
```

图 6-39　EXPUNGE 命令

19. SEARCH〔CHARSET specification〕(search criteria)命令

SEARCH 命令可以根据搜索条件在处于活动状态的邮箱中搜索邮件,然后显示匹配的邮件编号。该命令有两个参数字符集标志参数[CHARSET specification]由 CHARSET 和注册的字符集标志符组成,默认的标志符是 US-ASCII,所以该参数常常省略;search criteria 为查询条件参数,明确查询的关键字和值。常用的查询关键字有以下几种。

ALL:邮件中所有邮件;ANDing 的默认初始关键词。

ANSWERED:带有/Answered 标记位的邮件。

BCC <string>:在信封结构的 BCC 域包含有指定字符串的邮件。

BEFORE ＜date＞：实际日期（忽视时间和时区）早于指定日期的邮件。

BODY ＜string＞：在邮件的主体域包含有指定字符串的邮件。

CC ＜string＞：在信封结构的 CC 域包含有指定字符串的邮件。

DELETED：带有/Deleted 标记位的邮件。

DRAFT：带有/Draft 标记位的邮件。

FLAGGED：带有/Flagged 标记位的邮件。

FROM ＜string＞：在信封结构的 FROM 域包含有指定字符串的邮件。

HEADER ＜field-name＞＜string＞：带有一个含指定 field-name（在 RFC 2822 中定义）的头部且在该头部（它跟在 colon 后）的文本中包含指定字符串的邮件。如果将要检索的字符串（参数中的 string）长度设为 0，那么它将匹配带有一个含指定 field-name、内容可有可无的头部行的所有邮件。

KEYWORD ＜flag＞：带有指定关键词标记位的邮件。

LARGER ＜n＞：带有一个 RFC 2822 中定义的、大于指定字节数的大小的邮件。

NEW：带有/Recent 标记位，但不带有/Seen 标记的邮件。它在功能上等效于"(RECENT UNSEEN)"。

NOT ＜search-key＞：不符合指定检索关键词的邮件。

OLD：不带有/Recent 标记位的邮件。它在功能上等效于"NOT RECENT"（与"NOT NEW"相反）。

ON ＜date＞：实际日期（忽视时间和时区）在指定日期的邮件。

OR ＜search-key1＞＜search-key2＞：符合任意一个检索关键词的邮件。

RECENT：带有/Recent 标记位的邮件。

SEEN：带有/Seen 标记位的邮件。

SENTBEFORE ＜date＞：RFC 2822 中定义的 Date：header（忽视时间和时区）早于指定日期的邮件。

SENTON ＜date＞：RFC 2822 中定义的 Date：header（忽视时间和时区）在指定日期的邮件。

SENTSINCE ＜date＞：RFC 2822 定义的 Date：header（忽视时间和时区）在指定日期或者晚于指定日期的邮件。

SINCE ＜date＞：实际日期（忽视时间和时区）在指定日期或者晚于指定日期的邮件。

SMALLER ＜n＞：带有一个在 RFC 2822 中定义的、小于指定字节数大小的邮件。

SUBJECT ＜string＞：在信封结构的 SUBJECT 域含有指定字符串的邮件。

TEXT ＜string＞：在邮件的头部或者主体含有指定字符串的邮件。

TO ＜string＞：在信封结构的 TO 域含有指定字符串的邮件。

UID ＜sequence set＞：带有指定唯一标识符集相应的唯一标识符的邮件。序列集顺序排列是允许的。

UNANSWERED：不带有/Answered 标记位的邮件。

UNDELETED：不带有/Deleted 标记位的邮件。

UNDRAFT：不带有/Draft 标记位的邮件。

UNFLAGGED：不带有/Flagged 标记位的邮件。

UNKEYWORD ＜flag＞：不带有指定关键词标记位的邮件。

UNSEEN：不带有/Seen 标记位的邮件。

用 SEARCH 命令搜索从 2020 年 6 月 1 日以来的邮件,如图 6-40 所示。

```
a18 search all
* SEARCH 1 2
a18 OK SEARCH completed
a19 search seen
* SEARCH 1
a19 OK SEARCH completed
a20 search since 1-jun-2020
* SEARCH 1 2
a20 OK SEARCH completed
```

图 6-40　SEARCH 命令示例

用 SEARCH 命令检索标题或者检索正文中包含 test 字符串的邮件,如图 6-41 所示。

```
a22 search text "test"
* SEARCH 2
a22 OK SEARCH completed
```

图 6-41　SEARCH 命令检索内容

20. FETCH ＜mail id＞＜datanames＞命令

FETCH 命令用于读取邮件的文本信息,且仅用于显示的目的。该命令包含两个参数:第一个参数 mail id,表示希望读取的邮件号列表,IMAP 服务器邮箱中的每个邮件都有一个唯一的 ID 标识(邮件号列表参数可以是一个邮件号,也可以是由逗号分隔的多个邮件号,或者由冒号间隔的一个范围),IMAP 服务器返回邮件号列表中全部邮件的指定数据项内容;第二个参数是数据名参数,确定能够被独立返回的邮件的部分信息,下面是各参数返回的邮件信息。

ALL：只返回按照一定格式的邮件摘要,包括邮件标志、RFC 822 定义的 SIZE、自身的时间和信封信息。IMAP 客户机能够将标准邮件解析成这些信息,并显示出来。

lBODY：只返回邮件体文本格式和大小的摘要信息。IMAP 客户机可以识别这些信息,并向用户显示详细的关于邮件的信息。其实这是一些非扩展的 BODYSTRUCTURE 的信息。

FAST：只返回邮件的一些摘要，包括邮件标志、RFC 822 定义的 SIZE 和自身的时间。

FULL：同样还是一些摘要信息，包括邮件标志、RFC 822 定义的 SIZE、自身的时间和 BODYSTRUCTURE 的信息。

BODYSTRUCTUR：是邮件[MIME-IMB]的体结构。这是服务器通过解析 RFC 2822 头中的[MIME-IMB]各字段和[MIME-IMB]头信息得出来的。包括的内容有邮件正文的类型、字符集、编码方式等以及各附件的类型、字符集、编码方式、文件名称等。

ENVELOPE：是信息的信封结构。这是服务器通过解析 RFC 2822 头中的[MIME-IMB]各字段得出来的，默认各字段都是需要的。主要包括自身的时间、附件数、收件人、发件人等。

FLAGS：此邮件的标志。

INTERNALDATE：自身的时间。

RFC 822.SIZE：邮件的 RFC 2822 定义的大小。

RFC 822.HEADER：在功能上等同于 BODY.PEEK[HEADER]。

RFC 822：功能上等同于 BODY[]。

RFC 822.TEXT：功能上等同于 BODY[TEXT]。

UID：返回邮件的 UID 号，UID 号是唯一标识邮件的一个号码。

BODY[section] <<partial>>：返回邮件中的某一指定部分，返回的部分用 section 来表示，section 部分包含的信息通常是代表某一部分的一个数字或者是下面的某一个部分：HEADER、HEADER.FIELDS、HEADER.FIELDS.NOT、MIME 和 TEXT。如果 section 部分是空的，那就代表返回全部的信息，包括头信息。

BODY[HEADER]：返回完整的文件头信息。

BODY[HEADER.FIELDS ()]：在圆括号里面可以指定返回的特定字段。

BODY[HEADER.FIELDS.NOT ()]：在圆括号里面可以指定不需要返回的特定字段。

BODY[MIME]：返回邮件的[MIME-IMB]的头信息，在正常情况下跟 BODY[HEADER]没有区别。

BODY[TEXT]：返回整个邮件体，这里的邮件体并不包括邮件头。

如果要单独提取邮件的附件，那么应该如何处理？

通过以上的命令是无法做到的，但是别忘了在 section 部分还有其他方式可以来表示要提取的邮件的部分，那就是通过区段数来表示。下面介绍区段数。

每个邮件都至少有一个区段数，Non-[MIME-IMB]型的邮件和 Non-multipart [MIME-IMB]的邮件是没有经过 MIME 编码后的信息，这样的信息只有一个区段数 1。多区段型的信息被编排成一个连续的区段数，这和实际信息里出现的是一样的。如果一个特定的区段有类型信息或者是多区段的，一个 MESSAGE/RFC 822 类型的区段也含有嵌套的区段数，这些区段数是指向这些信息区段的信息体的。

在一个邮件体中,区段数 1 代表的是邮件的正文,区段数 2 代表的是第一个附件,区段数 3 代表的是第二个附件,以此类推。在这些区段里,如果有哪个区段又是多区段的,如 2 区段的内容格式是 mulipart 或者是 MESSAGE/RFC 822 类型的,那么这个区段又嵌套了多个子区段,嵌套的各子区段用 2.1,2.2,… 来表示。与此类似,如果 2.1 又有嵌套,那么还会有 2.1.1,2.1.2 等区段。这样的嵌套是没有限制的。

用 FETCH 命令抓取 2 号邮件的摘要,如图 6-42 所示。

```
a23 fetch 2 all
* 2 FETCH (FLAGS () INTERNALDATE "08-Jun-2020 08:12:14 +0800" RFC822.SIZE 1008 E
NUELOPE ("Mon, 08 Jun 2020 08:12:13 +0800" "test" (("admin" NIL "admin" "aeu.edu
.cn")) (("admin" NIL "admin" "aeu.edu.cn")) (("admin" NIL "admin" "aeu.edu.cn"))
 ((NIL NIL "qxf" "aeu.edu.cn")) NIL NIL NIL "<WC20200608001213.280001@aeu.edu.cn
>"))
a23 OK FETCH completed
```

图 6-42　FETCH 命令抓取邮件的摘要

用 FETCH 命令抓取 1、2 号邮件的日期和主题,如图 6-43 所示。

```
a24 fetch 1:2 (flags body[header.fields (date subject)])
* 1 FETCH (FLAGS (\Seen) BODY[header.fields (date subject)] {71}
Date: Fri, 05 Jun 2020 08:21:47 +0800
Subject: Welcome to MDaemon!

)
* 2 FETCH (FLAGS (\Seen) BODY[header.fields (date subject)] {56}
Date: Mon, 08 Jun 2020 08:12:13 +0800
Subject: test

)
a24 OK FETCH completed
```

图 6-43　FETCH 命令抓取邮件的日期和主题

用 FETCH 命令抓取 3 号邮件的附件的前 128B 信息,如图 6-44 所示。

```
a25 fetch 3 body[2]<0.128>
* 3 FETCH (BODY[2]<0> {128}
SW1wb3J0YW500iBJZiB5b3UgbGlrZSBNUyBXaW5kb3dzIGFuZCBNUyBPZmZpY2UgcGxlYXNlIGJ1
eSBsZWdhbCBhbmQgb3JpZ2luYWwNCgkJCXRoaXMgcHJvZ3JhbS FLAGS (\Seen \Recent))
a25 OK FETCH completed
```

图 6-44　FETCH 命令抓取附件的前 128B 信息

21. STORE ＜mail id＞＜new attributes＞命令

STORE 命令用于修改指定邮件的属性,包括给邮件打上已读标记、删除标记等。STORE 命令当前只有两个数据项类型可用:一是 FLAGS,表示邮件的一组标志;二是 FLAGS.SLIENT,表示一组邮件的标志,通过在两种数据项前加上加号或者减号可以进一步改变它们的执行情况,加号表示数据项的值添加到邮件中,减号表示将数据项的值从邮件中删除。STORE 命令如图 6-45 所示。

```
a26 store 1 +flags deleted
a26 OK STORE completed
```

图 6-45 STORE 命令

22. COPY 命令

COPY 命令将指定邮件复制到指定邮箱中,如图 6-46 所示。

```
a27 copy 3 temp
a27 OK [COPYUID 1591595270 3 1] COPY completed
```

图 6-46 COPY 命令

COPY 命令执行前,指定收件箱邮件列表信息,如图 6-47 所示。

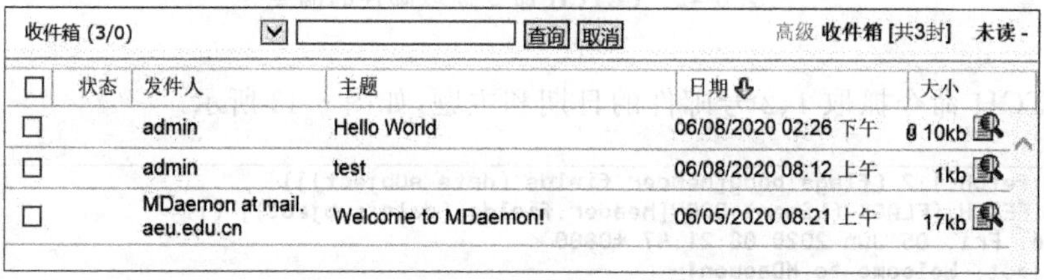

	状态	发件人	主题	日期	大小
收件箱 (3/0)			查询 取消	高级 **收件箱**[共3封]	未读 -
☐		admin	Hello World	06/08/2020 02:26 下午	0 10kb
☐		admin	test	06/08/2020 08:12 上午	1kb
☐		MDaemon at mail.aeu.edu.cn	Welcome to MDaemon!	06/05/2020 08:21 上午	17kb

图 6-47 COPY 命令执行前指定收件箱邮件列表信息

COPY 命令执行后,temp 邮箱邮件列表信息,如图 6-48 所示。

	状态	发件人	主题	日期	大小
收件箱 (3/0)			查询 取消	高级 **temp**[共1封]	未读 -
☐		admin	Hello World	06/08/2020 02:26 下午	0 10kb

图 6-48 COPY 命令执行后,temp 邮箱邮件列表信息结果

23. UID 命令

UID 命令一般与 FETCH、COPY、STORE 命令或 SEARCH 命令一起使用,它允许这些命令使用邮件的 UID 号而不是在邮箱中的顺序号。UID 号是唯一标识邮件系统中邮件的 32 位证书。通常这些命令都使用顺序号来标识邮箱中的邮件,使用 UID 可以使 IMAP 客户机记住不同 IMAP 会话中的邮件,如图 6-49 所示。

24. LOGOUT 命令

LOGOUT 命令使当前登录用户退出登录,并关闭所有打开的邮箱,任何做了 DELETED 标志的邮件都将在这个时候被删除。LOGOUT 命令如图 6-50 所示。

```
a28 uid search 9999:× seen
× SEARCH 3
a28 OK SEARCH completed
```

图 6-49　UID 命令

```
a29 logout
× BYE IMAP engine signing off (no errors)
a29 OK LOGOUT completed

遗失对主机的连接。
```

图 6-50　LOGOUT 命令

6.6　常用邮件服务器软件

电子邮件服务由专门的服务器提供，Gmail、Hotmail、网易邮箱、新浪邮箱等邮箱服务也是建立在电子邮件服务器基础上的。但是，大型邮件服务商的系统一般是自主开发或是基于其他技术二次开发实现的。主要的电子邮件服务器主要有两种：基于 UNIX/Linux 平台的邮件系统和基于 Windows 平台的邮件系统。

6.6.1　基于 UNIX/Linux 平台的邮件系统

基于 UNIX/Linux 平台的邮件系统主要有以下 3 种类型。

（1）Sendmail 邮件系统。Sendmail 可以说是邮件系统的鼻祖，Sendmail 邮件系统支持 SMTP，它被设计得比较灵活，便于配置和运行于各种类型的机器。

（2）Dovecot 邮件系统。Dovecot 是一个开源的 IMAP 和 POP3 邮件服务器。Dovecot 由 Timo Sirainen 公司开发，最初发布于 2002 年 7 月。作者首先考虑的是安全性，所以 Dovecot 在安全性方面比较出众。另外，Dovecot 支持多种认证方式，所以在功能方面也比较符合一般性的应用。

（3）基于 Postfix/Qmail 的邮件系统。Postfix/Qmail 技术是在 Sendmail 技术上发展起来的，起源于 20 世纪 90 年代末。Postfix 模块化设计，效率和安全性比 Sendmail 高得多。Qmail 体积小，速度快，易配置安装，但后续更新少，扩展能力不足。

6.6.2　基于 Windows 平台的邮件系统

基于 Windows 平台的邮件系统主要有以下几种。

（1）Microsoft 公司的 Exchange 邮件系统。

（2）IBM Lotus Domino 邮件系统。

（3）Scalix 邮件系统。

（4）Zimbra 邮件系统。

（5）MDaemon 邮件系统。

Microsoft 公司的 Exchange 邮件系统由于和 Windows 整合，便于管理，所以是在企业中使用数量最多的邮件系统。IBM Lotus Domino 综合功能较强，大型企业使用较多。基于 Postfix 的邮件系统则需要有较强的技术力量才能实现，但是性能可以达到非常高，而且安全性很好，同时软件是开源免费的。

6.7　常用的邮件客户端软件

6.7.1　Outlook Express

Outlook Express 是集成到 Microsoft 公司操作系统中的默认邮件客户端软件。其主要优点和缺点总结如下。

（1）Outlook Express 的优点：因为 Outlook Express 是免费集成的软件，所以在易用性和用户数量上占有一定优势。而且它在中文系统中是目前支持中文新闻组服务最好的软件之一。除此之外，Outlook Express 简单易学，而且有各个操作系统语言对应的不同语言版本，即使不熟悉计算机程序也能很快学习使用。

（2）Outlook Express 的缺点：跟大多数 Microsoft 公司发布的软件一样，由于操作系统本身的原因，系统的安全漏洞会严重影响到系统中软件的使用。由于 Microsoft 公司浏览器内核不断发现比较严重的安全问题，从而导致很多计算机病毒利用这些漏洞借助 Outlook Express 快速通过互联网传播。

6.7.2　Foxmail

Foxmail 是由华中理工大学张小龙开发的一款电子邮件客户端软件，具有强大的电子邮件管理功能。目前有中文（简体、繁体）和英文两个语言版本，支持 Windows 和 Mac OS 系统。2005 年 3 月 16 日被腾讯公司收购。后来腾讯公司推出能与 Foxmail 客户端邮件同步的、基于 Web 的 Foxmail 免费电子邮件服务软件。

新的 Foxmail 邮件服务软件具备强大的反垃圾邮件功能。它使用多种技术对邮件进行判别，能够准确识别垃圾邮件与非垃圾邮件。

6.7.3　网易闪电邮

网易闪电邮 2.0 正式版是一款网易公司自主研发的优秀电子邮件客户端软件,可同时管理包括网易六大邮箱以及 gmail、QQ、新浪等主流电子邮箱在内的多个邮箱账户。独创网易 NMMP 邮件协议,同时支持 POP3、IMAP 邮箱协议。提供免费的全邮件服务,具备操作便捷、高速收发邮件及大附件、实时收信桌面提醒、快速全文检索、网页与客户端邮件同步、邮件过滤归档等功能,还支持自定义皮肤、贺卡等个性化服务,是办公族用户首选的邮件管理专家。目前网易闪电邮最新版本为 2.4。

网易闪电邮软件体积小巧,仅 6.7MB,适用于 Windows、Mac OS 和手机移动端,其主要特点如下。

(1) 超高速。使用网易公司自主研发的专用邮件协议访问网易公司旗下的所有邮箱,收发邮件的速度比同类软件快 30%,而且支持断点续传,高效专业。

(2) 超全面。该软件是国内首个支持所有网易邮箱(163、126、yeah、188、VIP)的客户端;同时支持 POP3、IMAP 等协议,全面兼容包括 gmail、Hotmail、QQ、新浪、搜狐邮箱等常见邮箱账号,还支持多账号同时、同步管理;更有个性化皮肤、贺卡、热门活动等个性化服务,全面易用。

(3) 超便捷。定时收信,及时提醒;拖拽式添加附件;本地文件和网页内容,右键发送;支持网页模式访问网易邮箱,直接登录网页邮箱;采用新型全文检索技术进行的各项邮件搜索,快速精确;各种常用功能,一键轻松到位。

6.8　电子邮件服务的管理

6.8.1　邮件服务器的安装

根据操作系统和邮件服务器软件的不同,邮件服务器的安装包括:

(1) Windows 环境下,MDaemon 服务器的安装。

(2) Linux 环境下,CentOS 7 平台 Postfix 邮件服务器的安装。

具体安装步骤详见与本书配套的《网络应用运维实验》。

6.8.2　邮件服务器的运维

邮件服务器的运维包括以下内容。

(1) 邮件服务器域的创建。

(2) 域名服务器 MX 记录的维护。

(3) 邮件账户的新建。

(4) 邮件账户的管理。

(5) 邮件账户邮箱目录的设置。

(6) 邮件账户邮箱限额的配置。

(7) 邮件 Web 访问的配置。

(8) 邮件服务的管理。

(9) 邮件服务器日志的分析。

6.9 邮件服务的测试与使用

邮件服务的测试与使用包括以下内容。

(1) Outlook Express 邮件账户的配置。

(2) Foxmail 软件的安装。

(3) Foxmail 邮件账户的配置。

(4) 邮件的创建与发送。

(5) 邮件的接收。

(6) 邮件定时接收的配置。

(7) 邮件自动回复等规则的配置。

6.10 邮件实验

邮件的实验内容包括以下内容。

(1) 安装 MDaemon 邮件服务器。

(2) 创建邮件服务域。

(3) 新建邮件账户。

(4) 管理邮件账户。

(5) 设置邮件账户邮箱目录。

(6) 设置邮件账户邮箱限额。

(7) 设置邮箱 Web 访问方式。

(8) 启动停止邮件发送服务/邮件接收服务。

(9) 配置 Outlook Express 邮箱账户。

(10) 通过邮件客户端收发邮件。

(11) 通过 Web 收发邮件。

（12）设置定时检查新邮件。

（13）设置自动回复等邮件规则。

（14）安装 Postfix 邮件服务器。（选做）

（15）配置 Postfix 邮件服务器。（选做）

（16）安装 Foxmail 邮件客户端。（选做）

（17）配置 Foxmail 邮件账户。（选做）

具体实验内容详见与本书配套的《网络应用运维实验》。

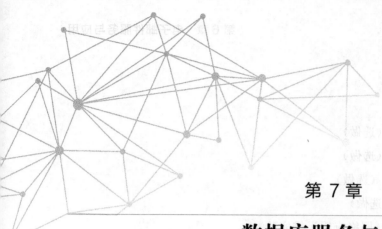

第 7 章

数据库服务与应用

7.1 数据库

7.1.1 数据库概述

数据库是按照数据结构来组织、存储和管理数据的仓库,它产生于 60 多年前,随着信息技术和市场的发展,特别是 20 世纪 90 年代以后,数据管理不再仅仅是存储和管理数据,而转换成用户所需要的对数据各种方式的管理。数据库有很多种类型,从最简单的存储有各种数据的表格,到能够进行海量数据存储的大型数据库系统,各个方面都得到了广泛的应用。

在信息化社会,充分有效地管理和利用各类信息资源,是进行科学研究和决策管理的前提条件。数据库技术是管理信息系统、办公自动化系统、决策支持系统等各类信息系统的核心部分,是进行科学研究和决策管理的重要技术手段。

严格地讲,数据库是长期存储在计算机内、有组织、可共享的数据集合。数据库中的数据以一定的数据模型组织、描述和存储在一起,具有尽可能小的冗余度、较高的数据独立性和易扩展性的特点,并且可在一定范围内为多个用户共享。

这种数据集合具有如下特点:尽可能不重复,以最优方式为某个特定应用组织的多种应用服务,其数据结构独立于使用它的应用程序,对数据的增加、删除、修改、查询由统一的软件进行管理和控制。从数据库的发展历史看,数据库是数据管理的高级阶段,是由文件管理系统发展起来的。

7.1.2 数据库的基本概念

数据、数据库、数据库管理系统和数据库系统是与数据库技术密切相关的 4 个基本概念。

1. 数据

数据(Data)是描述事物的符号记录,是数据库中存储的基本对象。数字是最简单的一种数据,文本、图形、图像、音频、视频、人员档案记录、物流信息等都是数据,都可以经过数字化后存入计算机。

2. 数据库

数据库(DataBase,DB)通俗地讲就是存放数据的仓库,即数据按一定的格式存放在计算机存储设备上。

数据库具有永久存储、有组织和可共享 3 个基本特点。

3. 数据库管理系统

数据库管理系统(DataBase Management System,DBMS)是位于用户和操作系统之间的数据管理软件,用来解决如何科学地组织和存储数据,如何高效地获取和维护数据。

数据库管理系统和操作系统一样是计算机的基础软件,也是一个大型复杂的软件系统。DBMS 主要功能包括:数据定义,数据组织、存储和管理,数据操纵,数据库的事务管理和运行管理,以及数据库的建立和维护。

4. 数据库系统

数据库系统(DataBase System,DBS)是由数据库、数据库管理系统(及其应用开发工具)、应用程序和数据管理员(DataBase Administrator,DBA)组成的存储、管理、处理和维护数据的系统。数据库的建立、使用和维护等工作,只靠数据库管理系统是不够的,还要依靠专门的人员(即数据库管理员)来完成。

数据库系统如图 7-1 所示。其中,数据库提供数据的存储功能,数据库管理系统提供数据组织、存取、管理和维护等基础功能,数据库应用系统根据应用需求使用数据库,数据库管理员负责全面管理数据库系统。

7.1.3 数据库的基本结构

数据库的基本结构分成 3 个层次,即物理数据层、概念数据层和用户数据层,反映了观察数据库的 3 个不同的角度。

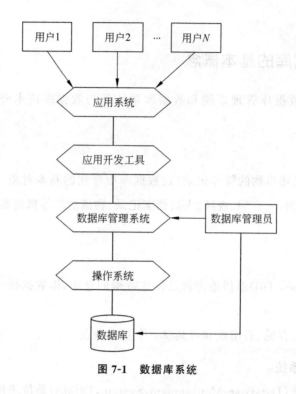

图 7-1　数据库系统

以内模式为框架所组成的数据层称为物理数据层；以概念模式为框架所组成的数据层称为概念数据层；以外模式为框架所组成的数据层称为用户数据层。

1. 物理数据层

物理数据层是数据层的最内层，是物理存储设备上实际存储的数据的集合。这些数据是原始数据，是用户加工的对象，由内部模式描述的指令操作处理的位串、字符和字组成。

2. 概念数据层

概念数据层是数据层的中间一层，是数据库的整体逻辑表示。它指出了每个数据的逻辑定义以及数据间的逻辑联系，是存储记录的集合。概念数据层涉及数据库所有对象的逻辑关系，而不是它们的物理关系，是数据库管理员概念下的数据库。

3. 用户数据层

用户数据层是用户所看到和使用的数据库，表示了一个或一些特定用户使用的数据集合，即逻辑记录的集合。

数据库不同层次之间的联系是通过映射进行转换的。

7.2　数据库系统

7.2.1　数据库系统的主要特点

与人工管理数据和文件系统相比,数据库系统主要有以下特点。

1. 整体数据结构化

数据库系统实现整体数据的结构化,这是由数据库的主要特征导致的,也是数据库系统与文件系统的本质区别。

所谓"整体数据结构化",是指数据库中的数据不再仅仅针对某一个应用,而是面向整个组织或企业;不仅数据内部是结构化的,而且数据整体也是结构化的,数据之间是具有联系的。

2. 数据的共享性高、冗余度低且易扩充

数据库中的数据可以被多个用户、多个应用共享使用。数据共享可以大大减少数据冗余,节约存储空间。数据共享还能避免数据之间的不相容性与不一致性。另外,数据共享还使得增加新的应用变得容易。

3. 数据独立性高

数据独立性是借助数据库来管理数据的一个显著特点,包括数据的物理独立性和逻辑独立性。数据在数据库中怎样存储是由数据库管理系统进行管理的,用户程序不需要了解,应用程序要处理的只是数据的逻辑结构。

所谓"物理独立性",是指用户的应用程序与数据库中数据的物理存储是相互独立的。所谓"逻辑独立性",是指用户的应用程序与数据的逻辑结构是相互独立的。数据的逻辑结构改变时,用户程序可以不变。

4. 数据由数据库管理系统统一管理和控制

数据库管理系统要提供一系列数据控制功能,包括:

(1) 数据的安全性保护。即保护数据以防止不合法使用造成的数据泄密和破坏。

(2) 数据的完整性检查。即数据的正确性、有效性和相容性检查。

(3) 并发控制。当多个用户的并发进程同时存取、修改数据库时,可能会发生相互干扰而得到错误的结果,或者数据库的完整性遭到破坏,因此必须对多用户的并发操作加以控制和协调。

(4) 数据库恢复。数据库管理系统需要具有将数据库从错误状态恢复到某一已知的正确状态(又称完整状态或一致状态)的功能。

7.2.2　数据库系统的组成

数据库系统一般由数据库、数据库管理系统(及其应用开发工具)、应用程序和数据库管理员构成。下面从数据库系统的硬件平台要求、软件和人员三个方面进行介绍。

1. 数据库系统的硬件平台要求

数据库系统对硬件资源有较高的要求,这些要求包括:①要有足够大的内存,用于存放操作系统、数据库管理系统的核心模块、数据缓冲区和应用程序;②要有足够大的磁盘或磁盘阵列等设备存放数据库;③系统要有较高的通道能力,以提高数据传送率。

2. 数据库系统的软件

数据库系统的软件包括:①数据库管理系统;②支持数据管理系统运行的操作系统;③具有与数据库接口的高级语言及其编译系统,便于开发应用程序;④以数据库管理系统为核心的应用开发工具;⑤为特定应用环境开发的数据库应用系统。

3. 数据库系统的人员

开发、管理和使用数据库系统的人员主要包括数据库管理员、系统分析员、数据库设计人员、应用程序员和最终用户。其中:①数据库管理员负责全面管理和控制数据库系统,职责包括决定数据中的信息内容和结构,决定数据库的存储结构和存取策略,定义数据的安全性要求和完整性约束条件,监控数据的使用和运行,负责数据库的改进、重组和重构;②系统分析员负责制订应用系统的需求分析和规范说明,并参与数据库系统的概要设计;③数据库设计人员负责数据库中数据的确定以及数据库各级模式的设计;④应用程序员负责设计和编写应用系统的程序模块,并进行调试和安装;⑤最终用户通过应用系统的用户接口(如浏览器、菜单驱动、表格操作、图形显示等)使用数据库。

7.3　数据库管理系统

7.3.1　数据库管理系统概述

数据库管理系统(Database Management System,DBMS)是一种操纵和管理数据库的大型软件,用于建立、使用和维护数据库。DBMS对数据库进行统一的管理和控制,以保证数据库的安全性和完整性。用户通过DBMS访问数据库中的数据,数据库管理员也通过DBMS进行数据库的维护工作。DBMS可使多个应用程序和用户用不同的方法同时或不同时刻建立、修改和查询数据库。大部分DBMS提供数据定义语言(Data Definition Language,DDL)和数据操作语言(又称数据操纵语言)(Data Manipulation Language,DML),供用户定义数据库的模式结构与权限约束,实现对数据的追加、删除等操作。

数据库管理系统是数据库系统的核心,是管理数据库的软件。数据库管理系统就是实现把用户意义下抽象的逻辑数据处理转换成计算机中具体的物理数据处理的软件。有了数据库管理系统,用户就可以在抽象意义下处理数据,而不必顾及这些数据在计算机中的布局和物理位置。

7.3.2　数据库管理系统的主要功能

数据库管理系统具有以下主要功能。

(1) 数据定义: DBMS 提供数据定义语言(DDL),供用户定义数据库的三级模式结构、两级映像以及完整性约束和保密限制等约束。DDL 主要用于建立、修改数据库的库结构。DDL 所描述的库结构仅给出数据库的框架,数据库的框架信息被存放在数据字典中。

(2) 数据操作: DBMS 提供数据操作语言(DML),供用户实现对数据的追加、删除、更新、查询等操作。

(3) 数据库的运行管理:数据库的运行管理功能是 DBMS 的运行控制、管理功能,包括多用户环境下的并发控制、安全性检查和存取限制控制、完整性检查和执行、运行日志的组织管理、事务的管理和自动恢复,即保证事务的原子性。这些功能保证了数据库系统的正常运行。

(4) 数据组织、存储与管理: DBMS 要分类组织、存储和管理各种数据,包括数据字典、用户数据、存取路径等,需要确定以何种文件结构和存取方式在存储级上组织这些数据,如何实现数据之间的联系。数据组织和存储的基本目标是提高存储空间利用率,选择合适的存取方法提高存取效率。

(5) 数据库的保护:数据库中的数据是信息社会的战略资源,所以数据的保护至关重要。DBMS 对数据库的保护通过 4 个方面来实现:数据库的恢复、数据库的并发控制、数据库的完整性控制和数据库的安全性控制。DBMS 的其他保护功能还有系统缓冲区的管理和数据存储的某些自适应调节机制等。

(6) 数据库的维护:这一部分包括数据库的数据载入、转换、转储以及数据库的重组合、重构及性能监控等功能,这些功能分别由各个使用程序来完成。

(7) 通信: DBMS 具有与操作系统的联机处理、分时系统及远程作业输入的相关接口,负责处理数据的传送。对网络环境下的数据库系统,还应该包括 DBMS 与网络中其他软件系统的通信功能以及数据库之间的互操作功能。

7.3.3　数据库管理系统的组成

根据其功能和应用需求,数据库管理系统通常由以下两大部分组成。

1. 数据库语言

数据库语言是给用户提供的语言,包括数据定义语言和数据操作语言。SQL 就是一个集数据定义和数据操作语言为一体的典型的数据库语言。几乎出现的关系数据库系统产品都提供 SQL 作为标准数据库语言。

(1) 数据定义语言:包括数据库模式定义以及数据库存储结构与存取方法定义两个方面。数据库模式定义,处理程序接收用数据定义语言表示的数据库外模式、模式、存储模式以及它们之间的映射的定义,通过各种模式翻译程序负责将它们翻译成相应的内部表示形式,存储到数据库系统中称为数据字典的特殊文件中,作为数据库管理系统存取和管理数据的基本依据;而数据库存储结构和存取方法定义,处理程序接收用数据定义语言表示的数据库存储结构和存取方法的定义,在存储设备上创建相关的数据库文件,建立起相应的物理数据库。

(2) 数据操作语言:用来表示用户对数据库的操作请求,是用户与 DBMS 之间的接口。一般对数据库的主要操作包括查询数据库中的信息、向数据库插入新的信息、从数据库删除信息和修改数据库中的某些信息等。数据操作语言通常又分为两种:一种是潜入主语言的,由于这种语言本身不能独立使用,故称为宿主型语言;另一种是交互式命令语言,由于这种语言本身能独立使用,故又称为自主型或自含型语言。

2. 例行程序

数据库管理例行程序随系统不同而各异,一般包括以下几部分。

(1) 语言翻译处理程序:包括 DLL 翻译程序、DML 处理程序、终端查询语言解释程序和数据库控制语言的翻译程序等。

(2) 系统运行控制程序:包括系统的初启程序、文件读写与维护程序、存取路径管理程序、缓冲区管理程序、安全性控制程序、完整性检查程序、并发控制程序、事务管理程序、运行日志管理程序和通信控制程序等。

(3) 公用程序:包括定义公用程序和维护公用程序。定义公用程序包括信息格式定义、概念模式定义、外模式定义和保密定义等程序;维护公用程序包括数据装入、数据库更新、重组、重构、恢复、统计分析、工作日记转储和打印等程序。

7.3.4 数据库管理系统的功能划分

按照功能,数据库管理系统可以分为以下 6 个部分。

(1) 模式翻译:提供数据定义语言(DDL)。用 DDL 书写的数据库模式被翻译为内部表示。数据库的逻辑结构、完整性约束和物理存储结构保存在内部的数据字典中。数据库的各种数据操作(如查找、修改、插入和删除等)和数据库的维护管理,都是以数据库模式为依

（2）应用程序的编译：把包含访问数据库语句的应用程序编译成在 DBMS 支持下可运行的目标程序。

（3）交互式查询：提供易使用的交互式查询语言，如 SQL、DBMS 负责执行查询命令，并将查询结果显示在屏幕上。

（4）数据的组织与存取：提供数据在外围存储设备上的物理组织与存取方法。

（5）事务运行管理：提供事务运行管理及运行日志、事务运行的安全性监控和数据完整性检查、事务的并发控制及系统恢复等功能。

（6）数据库的维护：为数据库管理员提供软件支持，包括数据安全控制、完整性保障、数据库备份、数据库重组以及性能监控等维护工具。

7.3.5　常用的关系数据库管理系统

目前常用的关系数据库管理系统有 Oracle、Sybase、Informix 和 INGRES。这些产品都支持多平台（如 UNIX、VMS、Windows），但支持的程度不一样。IBM 公司的 DB2 也是成熟的关系型数据库。但是，DB2 内嵌于 IBM 公司 AS/400 系列机中，只支持 OS/400 操作系统。

1. MySQL

MySQL 是最受欢迎的开源 SQL 数据库管理系统，由 MySQL AB 公司开发、发布和支持。MySQL AB 是一家基于 MySQL 开发人员的商业公司，是一家成功地使用了一种商业模式来结合开源价值和方法论的第二代开源公司。MySQL 是 MySQL AB 公司的注册商标。

MySQL 是一个快速的、多线程、多用户和健壮的 SQL 数据库服务器。MySQL 服务器支持关键任务、重负载生产系统的使用，也可以将它嵌入一个大配置的软件中。

与其他数据库管理系统相比，MySQL 具有以下优势。

（1）MySQL 是一个关系数据库管理系统。

（2）MySQL 是开源的。

（3）MySQL 服务器是一个快速的、可靠的和易于使用的数据库服务器。

（4）MySQL 服务器工作在客户机/服务器模式下或者嵌入系统中。

（5）市场上有大量的 MySQL 软件可以使用。

2. SQL Server

SQL Server 是由 Microsoft 公司开发的数据库管理系统，是 Web 上最流行的用于存储数据的数据库，它已广泛地应用于电子商务、银行、保险、电力等与数据库有关的行业。

目前最新版本是 SQL Server 2019，只能在 Windows 上运行。

SQL Server 提供了众多的 Web 和电子商务功能,例如对 XML 和 Internet 标准的丰富支持,通过 Web 对数据进行轻松、安全的访问,具有强大的、灵活的、基于 Web 的和安全的应用程序管理等。而且,由于其易操作性及其友好的操作界面,深受广大用户的喜爱。

3. Oracle

提起数据库,首先想到的公司会是 Oracle(甲骨文)。Oracle 公司成立于 1977 年,最初是一家专门开发数据库的公司,在数据库领域一直处于领先地位。当前最新的 Oracle 8 主要增加了对象技术,成为关系—对象数据库系统。目前,Oracle 产品覆盖了大型机、中型机、小型机等几十种机型,Oracle 数据库成为世界上使用广泛的关系数据系统之一。

Oracle 数据库产品具有以下优良特性。

(1) 兼容性。Oracle 产品采用标准 SQL,并经过美国国家标准技术所(NIST)测试,与 IBM SQL/DS、DB2、INGRES、IDMS/R 等兼容。

(2) 可移植性。Oracle 的产品可运行于很宽范围的硬件与操作系统平台上。可以安装在 70 种以上不同的大型机、中型机和小型机上,可以在 VMS、DOS、UNIX、Windows 等多种操作系统下工作。

(3) 可连接性。Oracle 能与多种通信网络连接,支持多种协议,如支持 TCP/IP、DECnet、LU6.2 等协议。

(4) 高生产率。Oracle 产品提供了多种开发工具,能极大地方便用户进行进一步的开发。

(5) 开放性。Oracle 良好的兼容性、可移植性、可连接性和高生产率,使得 Oracle RDBMS 具有良好的开放性。

4. Sybase

1984 年,Mark B. Hiffman 和 Robert Epstern 创建了 Sybase 公司,并于 1987 年推出了 Sybase 数据库产品。Sybase 主要有 3 种版本:①UNIX 操作系统下运行的版本;②Novell Netware 环境下运行的版本;③Windows NT 环境下运行的版本。

Sybase 数据库的特点如下。

(1) Sybase 是基于客户机/服务器体系结构的数据库。

(2) Sybase 是真正开放的数据库。

(3) Sybase 是一种高性能的数据库。

5. DB2

DB2 是内嵌于 IBM 公司的 AS/400 系统上的数据库管理系统,直接由硬件支持。DB2 支持标准的 SQL 语言,具有与异种数据库相连的 GATEWAY。因此,DB2 具有速度快、可靠性高的优点。但是,硬件平台只有选择了 IBM 公司的 AS/400,才能选择使用 DB2 数据库管理系统。

DB2 能在所有主流平台(包括 Windows)上运行,最适于海量数据。DB2 在企业级的应用最为广泛。

除此之外,还有 Microsoft 公司的 Access 数据库、FoxPro 数据库等。

7.4 结构化查询语言

7.4.1 SQL 概述

结构化查询语言(Structured Query Language,SQL)是关系数据库的标准语言,也是一个通用的、功能强大的关系数据库语言。其功能不仅仅是查询,还包括数据库模式创建、数据库数据的插入与修改、数据库安全性完整性定义与控制等一系列功能。

1. 产生与发展

SQL 是在 1974 年由 Boyee 和 Chamberlin 提出的,最初称为 Sequel,并在 IBM 公司研制的关系数据库管理系统原型 System R 上实现。1986 年,美国国家标准局的数据库委员会批准了 SQL 作为关系数据库语言的美国标准,同年公布了 SQL 标准文本(即 SQL-86)。1987 年,国际标准化组织也通过了这一标准。

SQL 标准从公布以来随着数据库技术的发展而不断丰富。在 1989 年、1992 年、1999 年、2003 年分别发布了 SQL/89、SQL/92、SQL 99(SQL 3)、SQL 2003,2008 年和 2011 年又对 SQL 2003 做了一些修改和补充。目前,没有一个数据库系统能够支持 SQL 标准的所有概念和特性。许多软件厂商对 SQL 基本命令集进行了不同程度的扩充和修改,以支持标准以外的一些功能特性。

2. SQL 的特点

SQL 是一个综合的、功能强大同时又简洁易学的语言。SQL 集数据查询、数据操作、数据定义和数据控制功能于一体,其主要特点如下。

(1) 综合统一。SQL 集数据定义语言、数据操作语言、数据控制语言的功能于一体,语言风格统一,可以独立完成数据库生命周期中的全部活动。

(2) 高度非过程化。使用 SQL 进行数据操作时,只要提出"做什么",而无须指明"怎么做"。存取路径的选择以及 SQL 的操作过程由系统自动完成。

(3) 面向集合的操作方式。SQL 采用集合操作方式,不仅操作对象、查找结果可以是元组的集合,而且一次插入、删除、更新操作的对象也可以是元组的集合。

(4) 以同一种语法结构提供多种使用方式。SQL 既是独立的语言,又是嵌入式语言;既可以由用户在终端键盘上输入 SQL 命令对数据库进行操作,也可以将 SQL 语句嵌入高级语言(如 C++、Java)程序中,供程序员设计程序时使用。而在不同的使用方式下,SQL 的语法结构基本上一致。

(5) 语言简洁,易学易用。SQL 功能强大,由于设计巧妙,语言十分简洁,完成核心功能只用了 9 个动词,包括数据查询(SELECT)、数据定义(CREATE、DROP、ALTER)、数据操作(INSERT、UPDATE、DELETE)、数据控制(GRANT、REVOKE),因此易于学习和使用。

7.4.2　SQL 数据定义

一个关系数据库管理系统的实例(Instance)中可以建立多个数据库,一个数据库中可以建立多个模式,一个模式下通常包括多个表、视图和索引等数据库对象。

SQL 的数据定义包括模式的定义、基本表的定义、视图的定义和索引的定义。

1. 模式的定义与删除

1) 定义模式

语法格式:

```
CREATE SCHEMA <模式名>AUTHORIZATION <用户名>;
```

说明:如果<模式名>省略,则模式名默认为<用户名>。调用该命令需要具备数据库管理员权限,或者被授予 CREATE SCHEMA 权限。定义模式实际上定义了一个命名空间,在其中可以进一步定义该模式包含的数据库对象,如表、视图和索引等。

例如,为用户 ADMIN 创建模式 Game。

```
CREATE SCHEMA "Game" AUTHORIZATION ADMIN;
```

2) 删除模式

语法格式:

```
DROP SCHEMA <模式名> <CASCADE | RESTRICT>;
```

说明:CASCADE 和 RESTRICT 必选其一。CASCADE(级联)表示在删除模式的同时把模式所包含的对象全部删除;RESTRICT 则表示,如果模式中存在数据库对象(如表、视图等),则拒绝执行模式删除操作。

注意:SQL 标准不提供模式修改操作,若想修改,只能删除后重建。

2. 基本表的定义、删除与修改

1) 定义基本表 CREATE TABLE

语法格式:

```
CREATE TABLE <表名> (
<列名><数据类型>[列级完整性约束条件]
```

[,<列名><数据类型>[列级完整性约束条件]

…

[,<表级完整性约束条件>]

);

说明：建表的同时通常还可以定义与该表相关的完整性约束条件（如主键、外键等）。
例如，如下创建 Persons 表，其表结构和数据如表 7-1 所示。

表 7-1　Persons 数据库表

Id	Name	Age	Sex	City	Height
1	LinZhilin	22	Female	TaiBei	175
2	LiuDehua	28	Male	HongKong	172
3	JinChengwu	31	Male	Nanjing	180

```
CREATE TABLE Persons (
  Id BIGINT(10) NOT NULL,
  Name VARCHAR(20) NOT NULL,
  Age INT(3),
  Sex VARCHAR(6),
  City varchar(100),
  Height INT(3),
  PRIMARY KEY (Id)
);
```

说明：执行该 CREATE TABLE 语句后，数据库中就建立了一个空的 Persons 表，并将
相关的定义和约束性条件存放在数据字典中。

2）修改基本表

语法格式：

```
ALTER TABLE <表名>
  [ADD [COLUMN] <新列名><数据类型>[完整性约束]]
  [ADD <表级完整性约束>]
  [DROP [COLUMN] <列名>[CASCADE | RESTRICT]]
  [DROP CONSTRAINT <完整性约束名>[CASCADE | RESTRICT]]
  [ALTER COLUMN <列名><数据类型>];
```

例如，向 Persons 表中增加 BornDate 列，数据类型为日期型。

```
ALTER TABLE Persons ADD BornDate DATE;
```

3）删除基本表

语法格式：

```
DROP TABLE [CASCADE | RESTRICT];
```

说明：CASCADE 和 RESTRICT 的含义与前面的描述一致。若缺省,则默认为 RESTRICT。
例如：

```
DROP TABLE Persons;
```

3. 视图的定义与删除

视图是从一个或几个基本表(或视图)导出的表。它与基本表不同,是一个虚拟的表。
数据库只存放视图的定义,不存放视图对应的数据,数据仍存放在原来的基本表中。基本表
的数据一旦发生变化,视图中的数据也随之变化。

视图被定义后,可以和基本表一样,对其进行查询或删除。也可以在视图的基础上再定
义新的视图。

1) 定义视图

使用 CREATE VIEW 命令定义视图,其语法格式：

```
CREATE VIEW <视图名>[(<列名>[,<列名>]…)]
  AS <子查询>
  [WITH CHECK OPTION];
```

说明：WITH CHECK OPTION 表示对视图进行 UPDATE、INSERT 和 DELETE 操
作时,要保证操作后的行满足视图定义的子查询条件。

2) 删除视图

语法格式：

```
DROP VIEW <视图名>[CASCADE];
```

说明：视图删除后视图的定义将从数据字典中删除。

7.4.3 SQL 数据查询

数据查询是数据库的核心操作。SQL 使用 SELECT 语句对数据库进行数据查询,其语
法格式：

```
SELECT [ALL | DISTINCT] <目标列表达式>[,<目标列表达式>]…
  FROM <表名或视图>[,<表名或视图>…] | (<SELECT 语句>) [AS] <别名>
  [WHERE <条件表达式>]
  [GROUP BY <列名 1>[HAVING <条件表达式>]]
  [ORDER BY <列名 2>[ASC | DESC]];
```

说明：根据 WHERE 子句的条件表达式,从 FROM 子句指定的基本表、视图或派生表
中找出满足条件的元组,再按 SELECT 子句中的目标列表达式选出元组中的属性值形成结

果表。如果进入 GROUP BY 子句,则将结果按<列名 1>的值进行分组,该属性列值相等的元组为一个组。如果 GROUP BY 子句带 HAVING 短语,则只有满足指定条件的组才输出。如果进入 ORDER BY 子句,则结果还要按<列名 2>的值进行升序或降序排序。

1. SQL SELECT 简单用法

SQL 的 SELECT 语句格式:

SELECT 列名称 FROM 表名称

以及

SELECT ＊ FROM 表名称

说明:SQL 语句对大小写不敏感。SELECT 等效于 select。

例如,从名为 Persons 的数据库表,获取名为 LastName 和 FirstName 列的内容,SELECT 语句如下。

SELECT LastName,FirstName FROM Persons

如果希望从 Persons 表中选取所有的列。可使用星号“＊”取代列的名称,就像下面这样:

SELECT ＊ FROM Persons

提示:星号“＊”是选取所有列的快捷方式。

2. SELECT DISTINCT 语句

在表中,可能会包含重复值。有时希望仅仅列出不同(distinct)的值,这时可以使用 SELECT DISTINCT 语句。

SELECT DISTINCT 语句格式:

SELECT DISTINCT 列名称 FROM 表名称

说明:关键词 DISTINCT 用于返回唯一不同的值。

3. WHERE 子句

WHERE 子句用于规定选择的标准。

如需有条件地从表中选取数据,可将 WHERE 子句添加到 SELECT 语句。

WHERE 子句的格式:

SELECT 列名称 FROM 表名称 WHERE 列运算符值

表 7-2 中的运算符可在 WHERE 子句中使用。

说明:在某些版本的 SQL 中,操作符<>可以写为!=。

表 7-2 WHERE 子句操作符

操作符	描　述	操作符	描　述
=	等于	>=	大于或等于
<>	不等于	<=	小于或等于
>	大于	BETWEEN	在某个范围内
<	小于	LIKE	搜索某种模式

如果只希望选取居住在城市 Beijing 中的人,则需要向 SELECT 语句中添加 WHERE 子句,即

```
SELECT * FROM Persons WHERE City='Beijing'
```

4. AND 和 OR 运算符

AND 和 OR 运算符用于基于一个以上的条件对记录进行过滤。

AND 和 OR 可在 WHERE 子语句中把两个或多个条件结合起来。

1) AND 运算及示例

如果第一个条件和第二个条件都成立,则 AND 运算符显示一条记录。

例如,使用 AND 运算符来显示所有姓为 Carter 且名为 Thomas 的人,语句如下。

```
SELECT * FROM Persons WHERE FirstName='Thomas' AND LastName='Carter'
```

2) OR 运算符及示例

如果第一个条件和第二个条件中只要有一个成立,则 OR 运算符显示一条记录。

例如,使用 OR 运算符来显示所有姓为 Carter 或名为 Thomas 的人,语句如下。

```
SELECT * FROM Persons WHERE firstname='Thomas' OR lastname='Carter'
```

3) AND 和 OR 运算符结合示例

可以把 AND 和 OR 运算符结合起来,使用圆括号来将它们组合成复杂的表达式,语句如下。

```
SELECT * FROM Persons WHERE (FirstName = 'Thomas' OR FirstName = 'William') AND
LastName='Carter'
```

5. ORDER BY 子句

ORDER BY 语句用于对结果集进行排序。

ORDER BY 语句用于根据指定的列对结果集进行排序。

ORDER BY 语句默认按照升序对记录进行排序。

如果希望按照降序对记录进行排序,可以使用 DESC 关键字。

下面给出几个示例。

示例 1　以字母顺序显示公司名称（Company）。

```
SELECT Company, OrderNumber FROM Orders ORDER BY Company
```

示例 2　以字母顺序显示公司名称，并以数字顺序显示顺序号（OrderNumber）。

```
SELECT Company, OrderNumber FROM Orders ORDER BY Company, OrderNumber
```

示例 3　以逆字母顺序显示公司名称。

```
SELECT Company, OrderNumber FROM Orders ORDER BY Company DESC
```

示例 4　以逆字母顺序显示公司名称，并以数字顺序显示顺序号。

```
SELECT Company, OrderNumber FROM Orders ORDER BY Company DESC, OrderNumber ASC
```

7.4.4　SQL 数据更新

数据更新操作有 3 种：向表中添加若干行数据、修改表中的数据和删除表中的若干行数据。

1. 插入数据

INSERT INTO 语句用于向表中插入新的数据，其语法格式：

```
INSERT
  INTO <表名>[(<属性列 1>[,<属性列 2>]…)]
  VALUES(<常量 1>[,<常量 2>]…);
```

说明：将新元组插入指定表中，其中新元组的属性列 1 的值为常量 1，属性列 2 的值为常量 2，……。INTO 子句没有出现的属性列将置为 NULL。如果 INTO 子句没有指定任何属性列，则 VALUES 子句必须为每个属性列赋值。

示例 1　插入新的行。

```
INSERT INTO Persons VALUES (4, 'ZhouRunfa', 40, 'HongKong', 185);
```

示例 2　在指定的列中插入数据。

```
INSERT INTO Persons (Id, Name, City) VALUES (5, 'ZhaoWei', 'Beijing');
```

2. 修改数据

修改操作也称为更新操作，其语法格式：

```
UDPATE <表名>
  SET <列名>= <表达式>[,<列名>= <表达式>]…
```

```
[WHERE <条件>];
```

示例 1　更新某一行中的一个列，如为 LastName 是 Wilson 的人添加 FirstName。

```
UPDATE Person SET Name='Dehua Liu' WHERE Name='LiuDehua';
```

示例 2　更新某一行中的若干列，如修改身高（Height）和城市名称（City）。

```
UPDATE Person SET Height=172, City='Shenyang' WHERE Name='LinZhilin';
```

3. 删除数据

DELETE 语句用于删除表中的行，其语法格式：

```
DELETE
  FROM <表名>
  [WHERE <条件>];
```

说明：从指定表中删除满足 WHERE 子句条件的所有元组。

（1）删除某行，如删除 LinZhilin 行如下。

```
DELETE FROM Person WHERE LastName='LinZhilin';
```

（2）删除所有行。可以在不删除表的情况下删除所有的行，这意味着表的结构、属性和索引都是完整的。

```
DELETE FROM table_name;
```

或者

```
DELETE * FROM table_name;
```

7.5　数据库管理工具

7.5.1　PL/SQL Developer

PL/SQL Developer 是一个集成开发环境，专门开发面向 Oracle 数据库的应用。PL/SQL 也是一种程序语言，称为过程化 SQL（Procedural Language/SQL）。PL/SQL 是 Oracle 数据库对 SQL 语句的扩展，在普通 SQL 语句的使用上增加了编程语言的特点，所以 PL/SQL 把数据操作和查询语句组织在 PL/SQL 代码的过程性单元中，通过逻辑判断、循环等操作，实现复杂的功能或计算。PL/SQL 只有 Oracle 数据库有。MySQL 目前不支持 PL/SQL，但支持 Navicat Premium。

7.5.2　Navicat Premium

Navicat Premium 是一款数据库管理工具。将此工具连接数据库,可以看到数据库的各种详细信息,包括报错等信息。也可以通过它登录数据库,进行各种操作。

Navicat Premium 是一个可连接多种数据库的管理工具,可以同时连接到 MySQL、SQLite、Oracle 及 PostgreSQL 数据库,管理不同类型的数据库。

Navicat Premium 结合了其他 Navicat 成员的功能,支持大部分的 MySQL、SQLite、Oracle 及 PostgreSQL 功能,包括存储过程、事件、触发器、函数等。

Navicat Premium 有 3 种平台版本,即有针对 Microsoft Windows、Mac OS X 及 Linux 平台的版本。

7.6　数据库访问

7.6.1　ODBC

ODBC(Open Database Connectivity,开放数据库连接)是 Microsoft 公司 Windows 开放服务结构(Windows Open Services Architecture,WOSA)中有关数据库的一个组成部分,它定义了一组规范,并提供一组对数据库访问的标准 API(应用程序编程接口)。这些 API 利用 SQL 来完成其大部分任务。ODBC 本身也提供了对 SQL 的支持,用户可以直接将 SQL 语句送给 ODBC。这些 API 独立于不同厂商的 DBMS,也独立于具体的编程语言(但 Microsoft 的 ODBC 文档是用 C 语言描述的,许多实际的 ODBC 驱动程序也是用 C 语言写的)。ODBC 规范后来被 X/OPEN 和 ISO/IEC 采纳,作为 SQL 标准的一部分。

ODBC 的最大优点是能以统一的方式处理所有的数据库。也就是说,一个基于 ODBC 的应用程序,对数据库的操作不依赖任何 DBMS,不直接与 DBMS 打交道,所有的数据库操作由对应的 DBMS 的 ODBC 驱动程序完成。不论是 SQL Server、Access 还是 Oracle 数据库,均可用 ODBC API 进行访问。

7.6.2　JDBC

JDBC(Java DataBase Connectivity,Java 数据库连接)是一种用于执行 SQL 语句的 Java API,是 Java 与数据库的接口规范(Java 的 13 个规范之一),为多种关系数据库提供统一访问。JDBC 定义了一个支持标准 SQL 功能的通用低层 API,它由 Java 语言编写的类和接口组成,旨在让各数据库开发商为 Java 程序员提供标准的数据库 API。

JDBC API 定义了若干 Java 中的类,表示数据库连接、SQL 指令、结果集、数据库元数据等。它允许 Java 程序员发送 SQL 指令并处理结果。

7.6.3 ODBC 与 JDBC 的共同点及区别

1. JDBC 与 ODBC 的共同点

JDBC 与 ODBC 主要有以下共同点。

(1) JDBC 和 ODBC 都是用来连接数据库的接口,都具有数据库独立性,甚至平台无关性,对 Internet 上异构数据库的访问都提供了很好的支持。

(2) JDBC 与 ODBC 都是基于 X/Open 的 SQL 调用级接口。

(3) 从结构上来讲,JDBC 的总体结构类似于 ODBC,都有 4 个组件:应用程序、驱动程序管理器、驱动程序和数据源,工作原理也大体相同。

(4) 在内容交互方面,JDBC 保持了 ODBC 的基本特性,也独立于特定数据库。二者都不是直接与数据库交互,而是通过驱动程序管理器与数据库交互。

2. JDBC 与 ODBC 的区别

JDBC 与 ODBC 二者之间的主要区别如下。

(1) JDBC 比 ODBC 更容易理解。

程序员都知道 Java 比 C 语言更容易学习,主要是因为 Java 语言是面向对象的,更接近人的思维认识,更容易被人接受;而 C 语言就较为抽象,跟人的认识思维相差较大,其开发出来的产品也具有类似的特点。在 ODBC 中的一个简单查询,也要分为好几块内容,而在 ODBC 驱动程序内部再去整合,还需要做一些复杂的操作,这不仅降低了数据库连接程序的性能,而且也给程序开发者开发实际运用程序带来了负面效果。而 JDBC 数据库连接程序在设计时就包含了大部分基本数据操作功能,为此在编写一些常规的数据库操作语句时,如查询、更新等,其所需求的源代码就要比 ODBC 少得多,故 JDBC 数据库连接程序要比 ODBC 简单、易理解。

(2) JDBC 数据库驱动程序是面向对象的。

JDBC 完全遵循 Java 语言的优良特性。通常情况下,只要有 Java 设计基础的用户都能在最短时间内了解 JDBC 驱动程序的架构,能轻而易举地开发出强悍的数据库实际运用程序。ODBC 由于其内部功能复杂,源代码编写要求高,为此,即使是一个 C 语言的高手,仍然需要花费不少的时间去了解数据库连接程序,在编写源代码时还离不开有关的参考书。

（3）JDBC 的移植性要比 ODBC 要好。

通常情况下，安装完 ODBC 驱动程序后，还需要经过确定的配置后才能应用。而不同的配置在不同的数据库服务器之间不能通用。也就是说，ODBC 安装一次就需要配置一次。但是，JDBC 数据库驱动程序则不同。假如采用 JDBC 数据库驱动程序的话，则只需要选取适当的 JDBC 数据库驱动程序，而不需要额外的配置。在安装过程中，JDBC 数据库驱动程序会自己完成有关的配置。因此，JDBC 的移植性比 ODBC 要好。

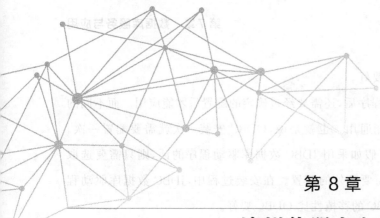

第 8 章
流媒体服务与应用

8.1 流媒体

流媒体(Streaming Media)又称流式媒体,指的是在网络中使用流式传输技术的连续时基媒体,即在 Internet 上以数据流的方式实时发布音频、视频多媒体内容的媒体,音频、视频、动画或者其他形式的多媒体文件都属于流媒体之列。流媒体是在流媒体技术的支持下,把连续的影像和声音信息经过压缩处理后放到网络服务器上,让浏览者边下载、边观看和收听,而不需要等到整个多媒体文件下载完成,就可以即时观看的多媒体文件。

可见,流媒体是一种边传边播的多媒体。流媒体的"流"指的是这种媒体的传输方式(流的方式),而并不是指媒体本身。

8.2 流式传输

8.2.1 流式传输概述

流媒体实现的关键技术是流式传输。

在网络上传输音频和视频等多媒体信息,主要有下载和流式传输两种方式。A/V 文件一般都较大,所以需要的存储容量也较大;同时由于网络带宽的限制,下载方式常常要花数分钟甚至数小时才能完成,所以这种处理方法延迟也很大。流式传输时,声音、影像或动画等时基媒体由音视频服务器向用户计算机连续、实时传送,用户不必等到整个文件全部下载完毕,而只需经过几秒或数十秒的启动延时即可进行观看。当声音等时基媒体在客户机上播放时,文件的剩余部分将在后台从服务器内继续下载。流式传输不仅使启动延时十倍、百倍地缩短,而且不需要太大的缓存容量。流式传输克服了用户必须等待整个文件全部从 Internet 上下载完闭才能观看的缺点。

流式传输定义很广泛,主要指通过网络传送媒体(如视频、音频)的技术总称。其特定含义为通过 Internet 将流媒体文件传送到用户终端。实现流式传输有两种方法:实时流式传输(Real Time Streaming)和顺序流式传输(Progressive Streaming)。

如果视频为实时广播,或者使用流式传输媒体服务器,或者应用如 RTSP 的实时协议,即为实时流式传输;而使用 HTTP 服务器,文件即通过顺序流式传输。采用哪种传输方法取决于应用需求。当然,流式文件也支持在播放前完全下载到硬盘。

8.2.2　顺序流式传输

顺序流式传输是顺序下载,在下载文件的同时用户可观看在线媒体,在给定时刻,用户只能观看已下载的那部分,而不能跳到还未下载的部分,顺序流式传输不像实时流式传输那样在传输期间根据用户连接的速度做调整。由于标准的 HTTP 服务器可发送顺序流式传输形式的文件,所以也不需要其他特殊协议,它经常被称作 HTTP 流式传输。顺序流式传输比较适合高质量的短片段,如片头、片尾和广告,由于该文件在播放前观看的部分是无损下载的,这种方法保证电影播放的最终质量。这意味着用户在观看前,必须经历延迟,对较慢的连接尤其如此。在通过调制解调器发布短片段时,顺序流式传输显得很实用,它允许用比调制解调器更高的数据速率创建视频片段。尽管有延迟,毕竟可让用户发布较高质量的视频片段。顺序流式文件放在标准 HTTP 或 FTP 服务器上,易于管理,基本上与防火墙无关。顺序流式传输不适合长片段和有随机访问要求的视频,如讲座、演说与演示。它也不支持现场广播,严格说来,顺序流式传输是一种点播技术。

8.2.3　实时流式传输

实时流式传输保证媒体信号带宽与网络连接配匹,使媒体可被实时观看到。实时流式传输与 HTTP 流式传输不同,它需要专用的流媒体服务器与传输协议。实时流式传输总是实时传送,特别适合现场事件,也支持随机访问,用户可快进或后退以观看前面或后面的内容。理论上,实时流一经播放就不可停止,但实际上,可能发生周期暂停。实时流式传输必须匹配连接带宽,这意味着在以调制解调器速度连接时图像质量较差。而且,由于出错丢失的信息被忽略掉,网络拥挤或出现问题时,视频质量很差。如果想保证视频质量,顺序流式传输也许更好。实时流式传输需要特定服务器，如 QuickTime Streaming Server、RealServer 与 Windows Media Server。这些服务器允许用户对媒体发送进行更多级别的控制，因而系统设置、管理比标准 HTTP 服务器更为复杂。实时流式传输还需要特殊网络协议，如 RTSP(Realtime Streaming Protocol)或 MMS(Microsoft Media Server)协议。这些协议在有防火墙时有时会出现问题，导致用户不能看到一些地点的实时内容。

8.3 流媒体格式

一般而言，媒体内容是以一定的格式保存的。媒体播放器要能够识别媒体文件格式，并从中得到回放时需要的信息。目前，Internet 上使用较多的流式视频格式主要是 3 种：RealNetworks 公司的 RealMedia、Apple 公司的 QuickTime 和 Microsoft 公司的 Advanced Streaming Format(ASF)。此外，MPEG、AVI、DVI、SWF 等都是适用于流媒体技术的文件格式。

8.3.1 RealMedia

RealNetworks 公司所制定的音频、视频压缩规范称为 RealMedia，是目前在 Internet 上相当流行的跨平台的客户机/服务器结构的多媒体应用标准。它采用音频、视频流同步回放技术来实现在 Internet 上全带宽地提供最优质的多媒体信息，同时也能够在 Internet 上以 28.8kbps 的传输速率提供立体声和连续视频。

RealNetworks 公司自 1995 年发布 RealAudio 1.0 以来，RealAudio 和 RealVideo 产品已经成为 Internet 网上最受欢迎的解决方案。其中，所采用的 SureStream(自适应流)技术是 RealNetworks 公司具有代表性的技术。它通过 RealServer 将 A/V 文件以流的方式传输，然后利用 SureStream 方式，根据客户端不同的拨号速率(不同的带宽)，让传输的 A/V 信息自动适应带宽，并始终以流畅的方式播放。

这类文件的扩展名是.rm，文件对应的播放器是 RealPlayer。RealPlayer 是目前非常流行的流媒体播放器。

8.3.2 QuickTime

Apple 公司的 QuickTime 是数字媒体领域事实上的工业标准，可以通过 Internet 提供实时的数字化信息流、工作流与文件回放功能。它由 3 个不同部分组成：QuickTime 电影文件格式、QuickTime 媒体抽象层和 QuickTime 内置媒体服务系统。QuickTime 电影文件格式定义了存储数字媒体内容的标准方法，使用这种文件格式不仅可以存储单个的媒体内容(如视频帧或音频采样),而且能保存对该媒体作品的完整描述(元数据)。QuickTime 媒体抽象层是一种综合性的媒体软件框架,它定义了软件工具和应用程序如何访问 QuickTime 内置媒体服务系统,以及如何通过硬件提升 QuickTime 的关键性能。而 QuickTime 内置媒体服务系统则可作为软件开发工具的基础,帮助软件开发商和用户充分利用 QuickTime 的技术优势。

这类文件扩展名通常是.mov,它所对应的播放器是 QuickTime。

8.3.3 ASF

Microsoft 公司推出的 ASF(Advanced Streaming Format,高级流格式),是一种独立于编码方式的数据格式,音频、视频、图像以及控制命令脚本等多媒体信息可以通过这种格式以网络数据包的形式传输。其中,在网络上传输的内容就称为 ASF Stream。ASF 支持任意的压缩/解压缩编码方式,并可以使用任何一种底层网络传输协议,具有很大的灵活性。Microsoft 公司希望用 ASF 取代 QuickTime 的技术标准以及 WAV、AVI 等文件类型,并打算将 ASF 用作将来的 Windows 版本中所有多媒体内容的标准文件格式。

ASF 的主要优点是本地或网络回放、可扩充的媒体类型、部件下载、可伸缩的媒体类型、流的优先级化、多语言支持、环境独立性、丰富的流间关系和扩展性等。但是,ASF 的最大优势在于 Microsoft 在业界的影响力,以及由此得到的众多厂商的支持。

这类文件的扩展名是.asf 和.wmv,与它对应的播放器是 Microsoft 公司的 Media Player。

8.4 流媒体播放方式

8.4.1 单播

在客户端与媒体服务器之间需要建立一个单独的数据通道,从一台服务器送出的每个数据包只能传送给一个客户机,这种传送方式称为单播。每个用户必须分别对媒体服务器发送单独的查询,而媒体服务器必须向每个用户发送所申请的数据包拷贝。这种巨大冗余首先造成服务器的沉重负担,响应需要很长时间,甚至停止播放;管理人员也被迫购买硬件和带宽来保证一定的服务质量。

8.4.2 组播

IP组播技术构建一种具有组播能力的网络,允许路由器一次将数据包复制到多个通道上。采用组播方式,单台服务器能够对几十万台客户机同时发送连续数据流而无延时。媒体服务器只需要发送一个信息包,而不是多个;所有发出请求的客户端共享同一信息包。信息可以发送到任意地址的客户机,减少网络上传输的信息包的总量。采用组播技术使得网络利用效率大大提高,成本大为下降。

8.4.3 点播与广播

点播连接是客户端与服务器之间的主动的连接。在点播连接中,用户通过选择内容项目来初始化客户端连接。用户可以开始、停止、后退、快进或暂停流。点播连接提供了对流的最大控制,但这种方式由于每个客户端各自连接服务器,所以会迅速用完网络带宽。

广播是用户被动接收流。在广播过程中,客户端接收流,但不能控制流。例如,用户不能暂停、快进或后退该流。广播方式中,数据包的单独一个拷贝将发送给网络上的所有用户。使用单播发送时,需要将数据包复制多个拷贝,以多个点对点的方式分别发送到需要它的那些用户,而使用广播方式发送,数据包的单独一个拷贝将发送给网络上的所有用户,而不管用户是否需要,上述两种传输方式会非常浪费网络带宽。组播吸收了上述两种发送方式的长处,克服了上述两种发送方式的弱点,将数据包的单独一个拷贝只发送给那些需要的客户。组播不会复制数据包的多个拷贝传输到网络上,也不会将数据包发送给不需要它的那些客户,这就保证了网络上多媒体应用占用网络的最小带宽。

8.5 流媒体传输协议

8.5.1 RSVP

资源预留协议(Resource reSerVation Protocol,RSVP)是针对 IP 网络传输层不能保证 QoS 和支持多点传输而提出的协议。RSVP 在业务流传送前,先预约一定的网络资源,建立静态或动态的传输逻辑通路,来保证每一业务流都有足够的"独享"带宽,因而能够克服网络的拥塞和丢包,提高 QoS 性能。

RSVP 能根据业务数据的 QoS 要求和带宽资源管理策略进行带宽资源分配,在 IP 网上提供一条完整的路径。通过预留网络资源,建立从发送端到接收端的路径,使得 IP 网络能提供接近于电路交换质量的业务。这样既利用了面向无连接网络的多种业务承载能力,又提供了接近面向连接网络的质量保证。

但是,RSVP 没有提供多媒体数据的传输能力,它必须配合其他实时传输协议才能完成多媒体通信服务。

8.5.2　RTP/RTCP 协议簇

实时传输协议(Real-time Transport Protocol,RTP)是 Internet 上针对多媒体数据流的一种传输协议。RTP 被定义为在一对一或者一对多的传输情况下工作。其目的是提供时间信息和实现流同步。RTP 通常使用 UDP 来传送数据,但 RTP 也可以在 TCP 或 ATM 等其他协议上工作。

RTP 核心在于其数据包格式,它提供应用于多媒体的多个域,包括 VOD、VoIP、电视会议等,并且不规定负载的大小,因此能够灵活应用于各媒体环境中。

当应用程序开始一个 RTP 会话时将使用两个端口:一个端口给 RTP,另一个端口给 RTCP。RTP 本身并不能为按顺序传送数据包提供可靠的传送机制,也不提供流量控制或拥塞控制,它依靠 RTCP 提供这些服务。

实时传输控制协议(Real-time Transport Control Protocol,RTCP)为 RTP 提供流量控制和拥塞控制。在 RTP 会话期间,各参与者周期性地传送 RTCP 包。RTCP 包中封装了发送端或接收端的统计信息,包括发送包数、丢包数、包抖动等,这样发送端可以根据这些信息改变发送速率,接收端则可以判断包丢失等问题出在哪个网络段。总的来说,RTCP 在流媒体传输中的作用有 QoS 管理与控制、媒体同步和附加信息传递。

RTP 和 RTCP 配合使用,其中 RTP 用于数据传输,RTCP 用于统计、管理和控制 RTP 传输,二者协同工作,能以有效的反馈和最小的开销使传输效率最佳化,因而特别适合传送网上的实时数据。

RTP 和 RTCP 都定义在 RFC 1889 中。在 RTP/RTCP 基础上,不同的媒体类型需要不同的封装和管理技术。目前,国际上正在研究基于 RTP/RTCP 的媒体流化技术,包括 MPEG-1/2/4 的媒体流化技术。

RSVP、RTCP 与 RTP 工作在不同的层次,如图 8-1 所示。

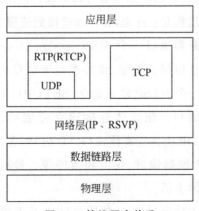

图 8-1　协议层次关系

8.5.3 MMS

微软流媒体服务协议(Microsoft Media Server Protocol,MMS)是用来访问并流式接收 Windows Media 服务器中.asf 文件的一种协议。MMS 用于访问 Windows Media 发布点上的单播内容,是连接 Windows Media 单播服务的默认方法。若用户在 Windows Media Player 中输入一个 URL 以连接内容,而不是通过超级链接访问,则必须使用 MMS 协议访问该流。MMS 使用的端口号是 1755。

8.5.4 RTSP

实时流协议(Real-Time Streaming Protocol,RTSP)由 RealNetworks 和 Netscape 公司共同提出,是工作在 RTP 上的应用层协议,用于控制具有实时特征数据的传输,主要目标是为单播和多播提供可靠的播放性能。RTSP 提供了一个可扩展的框架,以控制、按需传送实时数据,如音频、视频等,数据源既可以是实时数据,也可以是预先保存的媒体文件。该协议致力于控制多个数据传送会话,提供了一种在 UDP、组播 UDP 和 TCP 等传输通道之间进行选择的方法,也为选择基于 RTP 的传输机制提供了方法。

RTSP 可建立和控制一个或多个音频和视频连续媒体的时间同步流。它为多媒体服务扮演"网络远程控制"的角色。尽管有时可以把 RTSP 控制信息和媒体数据流交织在一起传送,但一般情况下 RTSP 本身并不用于转送媒体流数据。媒体数据的传送可通过 RTP/RTCP 等协议来完成。

另外,由于 RTSP 在语法和操作上与 HTTP 类似,RTSP 请求可由标准 HTTP 或 MIME 解析器解析,并且 RTSP 请求可被代理、通道和缓存处理。与 HTTP 相比,RTSP 是双向的,即客户机和服务器都可以发出 RTSP 请求。而且不同于 HTTP,RTSP 服务器维护会话的状态信息,从而通过 RTSP 的状态参数可以对媒体流的播放进行控制,如暂停等。

一次基本的 RTSP 操作过程是:首先,客户端连接到流服务器,并且发送一个 RTSP 描述命令(DESCRIBE)。流服务器通过一个 SDP(Session Description Protocol,会话描述协议)描述来进行反馈,反馈信息包括流数量、媒体类型等信息。客户端再分析该 SDP 描述,并为会话中的每一个流发送一个 RTSP 建立命令(SETUP),RTSP 建立命令告诉服务器客户端用于接收媒体数据的端口。流媒体连接建立完成后,客户端发送一个播放命令(PLAY),服务器就开始在 UDP 上传送媒体流(RTP 包)到客户端。在播放过程中,客户端还可以向服务器发送命令来控制快进、快退和暂停等。最后,客户端发送一个终止命令(TERADOWN)来结束流媒体会话。

实现 RTSP 的系统必须支持通过 TCP 传输 RTSP,并支持 UDP。RTSP 服务器的 TCP 和 UDP 默认端口都是 554。目前,最新的 Microsoft Media Services V9 和 RealSystem 都支

持 RTSP。

8.5.5　MIME

多用途 Internet 邮件扩展（Multipurpose Internet Mail Extensions，MIME）协议是 SMTP 的扩展，不仅用于电子邮件，还能用来标记在 Internet 上传输的任何文件类型。通过它，Web 服务器和 Web 浏览器才可以识别流媒体，并进行相应的处理。Web 服务器和 Web 浏览器都是基于 HTTP，而 HTTP 内建有 MIME。HTTP 正是通过 MIME，标记 Web 上繁多的多媒体文件格式。为了能够处理一种特定文件格式，需要对 Web 服务器和 Web 浏览器都进行 MIME 类型设置。对于标准的 MIME 类型，如文本和 JPEG 图像，Web 服务器浏览器提供内建支持；但是，对 Real 等非标准的流媒体文件格式，则需要设置 audio/x-pn-real audio 等 MIME 类型。浏览器通过 MIME 来识别流媒体的类型，并调用相应的程序或 Plug-in（插件）来处理。在常用的 Web 浏览器中，尤其 Internet Explorer 中，都提供了丰富的内建流媒体支持。

8.5.6　RTMP

1. RTMP 介绍

RTMP（Real Time Messaging Protocol，实时消息传输协议）是 Adobe 公司为 Flash 播放器和服务器之间音频、视频和数据传输开发的开放协议。它有以下几个变种。

（1）工作在 TCP 上的明文协议，默认端口是 1935，如果未指定连接端口，那么 Flash 客户端会尝试连接其他端口，其尝试连接顺序依次为 1935、443、80（RTMP）、80（RTMPT）。

（2）RTMPT 封装在 HTTP 请求中，可以穿越防火墙，默认端口是 80。

（3）RTMPS 类似于 RTMPT，但使用的是经过 SSL 加密的 HTTPS 连接，默认端口是 443。

（4）RTMPE 是加密版本的 RTMP。与 RTMPS 不同的是，RTMPE 不采用 SSL 加密，RTMPE 加密快于 SSL，并且不需要认证管理。如果没有指定 RTMPE 端口，Flash 播放器将像 RTMP 一样依次扫描端口 1935（RTMPE）、443（RTMPE）、80（RTMPE）、80（RTMPTE）。

（5）RTMTE 是一个通过加密通道连接的 RTMPE，默认端口是 80。

RTMP 视频播放的特点如下。

（1）RTMP 是采用实时的流式传输，所以不会缓存文件到客户端，这种特性说明用户想下载 RTMP 下的视频是比较难的。

（2）视频流可以随便拖动，即可以从任意时间点向服务器发送请求进行播放，并不需要视频有关键帧。相比而言，HTTP 下视频需要有关键帧才可以随意拖动。

（3）RTMP 支持点播/回放（通俗地讲就是支持把 FLV、F4V、MP4 文件放在 RTMP 服务器，客户端可以直接播放）和直播（边录制视频、边播放）。

RTMP 环境的架设如下。

因为 RTMP 是 Adobe 公司开发的，所以最初服务器端架设的环境是 FMS(Flash Media Server)，该软件为收费软件，价格昂贵。后来，开源软件 RED5 的推出，使得 RTMP 的架设成本大大缩小，但是在性能方面不如 FMS 的稳定（WOWZA 虽然是收费的，但价格适中）。

2. RTMP 播放流程

RTMP 规定，播放一个流媒体有两个前提步骤：第一步，建立一个网络连接(NetConnection)；第二步，建立一个网络流(NetStream)。其中，网络连接代表服务器端应用程序和客户端之间基础的连通关系，网络流代表发送多媒体数据的通道。服务器和客户端之间只能建立一个网络连接，但是基于该连接可以创建很多网络流。网络流与网络连接的关系如图 8-2 所示。

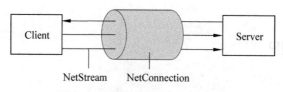

图 8-2　网络流与网络连接的关系

播放一个 RTMP 的流媒体需要经过以下几个步骤：①握手；②建立连接；③建立流；④播放；⑤发布。RTMP 连接都是以握手作为开始的；建立连接阶段用于建立客户端与服务器之间的"网络连接"；建立流阶段用于建立客户端与服务器之间的"网络流"；播放阶段用于传输音频和视频数据。

1) 握手

一个 RTMP 连接以握手(HandShake)开始，双方分别发送大小固定的 3 个数据块，如图 8-3 所示。

（1）握手开始于客户端发送 C0、C1 块。服务器收到 C0 或 C1 后发送 S0 和 S1。

（2）当客户端收齐 S0 和 S1 后，开始发送 C2。当服务器收齐 C1 和 C2 后，开始发送 S2。

（3）当客户端和服务器分别收到 S2 和 C2 后，握手完成。

2) 建立网络连接

建立网络连接(NetConnection)过程如图 8-4 所示。

（1）客户端发送命令消息(Command Message)中的"连接"(connect)到服务器，请求与一个服务应用实例建立连接。

（2）服务器接收到连接命令消息后，发送确认窗口大小(Window Acknowledgement Size)协议消息到客户端，同时连接到连接命令中提到的应用程序。

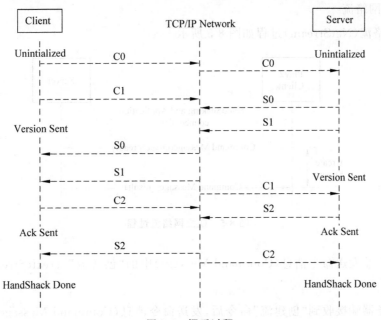

图 8-3　握手过程

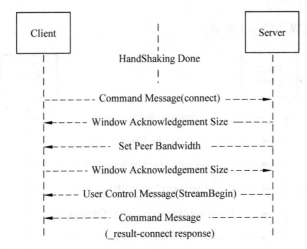

图 8-4　建立连接过程

（3）服务器发送设置带宽（Set Peer Bandwidth）协议消息到客户端。

（4）客户端处理设置带宽协议消息后，发送确认窗口大小协议消息到服务器端。

（5）服务器发送用户控制消息（User Control Message）中的"流开始"（Stream Begin）消息到客户端。

（6）服务器发送命令消息（Command Message）中的"结果"（_result），通知客户端连接的状态。

3）建立网络流

建立网络流（NetStream）过程如图 8-5 所示。

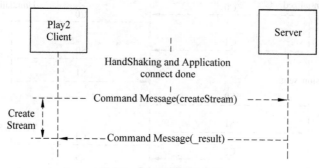

图 8-5　建立网络流过程

（1）客户端发送命令消息（Command Message）中的"创建流"（createStream）命令到服务器端。

（2）服务器端接收到"创建流"命令后，发送命令消息（Command Message）中的"结果"（_result），通知客户端流的状态。

4）播放

播放（Play）流过程如图 8-6 所示。

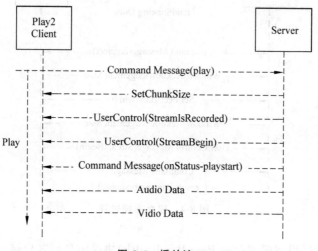

图 8-6　播放流

（1）客户端发送命令消息（Command Message）中的"播放"（play）命令到服务器。

（2）接收到播放命令后，服务器发送设置块大小（SetChunkSize）协议消息。

（3）服务器发送用户控制消息（UserControl）中的 StreamlsRecorded 和 StreamBegin，告知客户端流 ID。

（4）播放命令成功的话，服务器发送命令消息（Command Message）中的"响应状态"

onStatus-playstart,告知客户端"播放"命令执行成功。

（5）在此之后服务器发送客户端要播放的音频数据（Audio Data）和视频数据（Video Data）。

5）发布

发布流过程如图 8-7 所示。

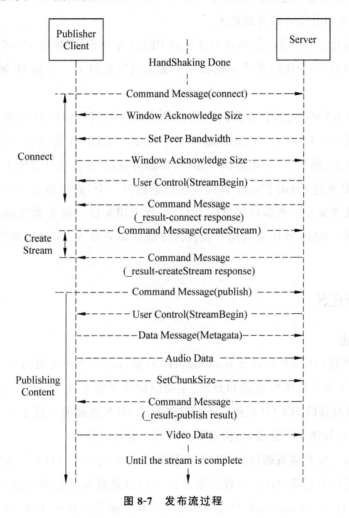

图 8-7 发布流过程

8.5.7 RTMFP

实时媒体流协议（Real Time Media Flow Protocol,RTMFP）是 Adobe 公司开发的一套新的通信协议,该协议可以让使用 Adobe Flash Player 的终端用户之间进行直接通信,无须经过服务器。

通过使用 RTMFP,那些依赖直播、实时通信的应用,例如社区、音视频聊天和多人游戏,就有能力来发布高质量的通信解决方案。RTMFP 让终端用户可以直接连接并通信,可以使用麦克风和摄像头直接聊天,RTMFP 的数据在终端用户之间流动,而不是和服务器,这将减少带宽消耗,提升 Flash Player 在网络交互方面的体验。

RTMFP 有两个特性可以帮助解决一些连接错误。

(1) 快速连接恢复:连接在意外断开情况下将快速恢复。例如,一个无线连接掉线了,一旦重连,将迅速拥有所有的传送能力。

(2) IP 动态化:一个活动的网络会话将以 PEER 来标识,即使变了一个 IP,也可以保持原来的会话。例如,一个便携式计算机在一个无线网络获得了一个新 IP 地址,它将立刻继续刚才的会话。

RTMFP 和 RTMP 之间存在着的不同。最基本的不同是它们在网络上采用的协议不同。RTMFP 是基于 UDP 的,RTMP 是基于 TCP 的。UDP 在传送直播数据方面比 TCP 还是有较多优势的,例如 UDP 可以减少延时,容忍丢包,虽然它在可靠性上有所损失。不像 RTMP,RTMFP 支持 Flash Player 直接发送数据给另一个,而不经过 Server。服务器端连接被用来初始化并交互一些客户端之间的信息,也可用来进行服务器端调用或者作为进入其他系统的网关。FMS 也用来为用户提供地址认证服务和 NAT 地址转换服务,避免用户陷入混乱。

8.5.8　HLS

1. HLS 概述

HTTP 直播流(HTTP Live Streaming,HLS)是 Apple 公司实现的基于 HTTP 的流媒体传输协议,可实现流媒体的直播和点播,主要应用于 iOS 系统。HLS 点播是分段 HTTP 点播,HLS 点播与分段 HTTP 点播的不同之处在于 HLS 点播的分段非常小。要实现 HLS 点播,重点在于对媒体文件分段,目前有不少开源工具可以使用。

相对于常见的流媒体直播协议,HLS 直播最大的不同在于,HLS 直播客户端获取到的并不是一个完整的数据流,HLS 协议在服务器端将直播数据流存储为连续的、很短时长的媒体文件(MPEG-TS 格式),而客户端则不断地下载并播放这些小文件,因为服务器总是会将最新的直播数据生成新的小文件,这样客户端只要不停地按顺序播放从服务器获取到的文件,就实现了直播。由此可见,基本上可以认为,HLS 是以点播的技术方式实现直播。由于数据通过 HTTP 传输,所以 HLS 可以穿过任何允许 HTTP 数据通过的防火墙或者代理服务器,它也很容易使用内容分发网络来传输媒体流,而且分段文件的时长很短,客户端可以很快地选择和切换码率,以适应不同带宽条件下的播放。在开始一个流媒体会话时,客户端会下载一个包含元数据的 extended M3U (m3u8)playlist 文件,用于寻找可用的媒体流。

不过,HLS 的这种技术特点决定了它的延迟一般总是会高于普通的流媒体直播协议。

2. 协议流程

HLS 协议规定：

(1) 视频的封装格式是 ts。

(2) 视频的编码格式为 H264，音频编码格式为 MP3、AAC 或 AC-3。

(3) 除了 ts 视频文件本身，还定义了用来控制播放的 m3u8 文件(文本文件)。

Apple 公司要提出这个 HLS 协议，主要是为了解决 RTMP 存在的一些问题。例如，RTMP 不使用标准的 HTTP 接口传输数据，所以在一些特殊的网络环境下可能被防火墙屏蔽掉。但是，HLS 由于使用 HTTP 传输数据，不会遇到被防火墙屏蔽的情况。

对于负载，RTMP 是一种有状态协议，很难对视频服务器进行平滑扩展，因为需要为每一个播放视频流的客户端维护状态。而 HLS 基于无状态协议(HTTP)，客户端只是按照顺序使用下载存储在服务器的普通 ts 文件，做负载均衡如同普通的 HTTP 文件服务器的负载均衡一样简单。

另外，HLS 协议本身实现了码率自适应，不同带宽的设备可以自动地切换到最适合自己码率的视频播放。其实 HLS 最大的优势就是它出自于 Apple 公司。Apple 公司在其 iOS 设备上只提供对 HLS 的原生支持，并且放弃了 Flash。Android 也被迫原生支持了 HLS。这样一来，FLV、RTMP 这些 Adobe 的视频方案要想在移动设备上播放，需要额外下些功夫。当然 Flash 对移动设备造成很大的性能压力，确实也是自身的问题。

HLS 也有一些无法跨越的困难，例如采用 HLS 协议直播的视频延迟时间无法下到 10s 以下，而 RTMP 的延迟最低可以到 3～4s。所以，对直播延迟比较敏感的服务请慎用 HLS。

图 8-8 是 HLS 的工作流程，左下方的 inputs 的视频源是什么格式无所谓，它与 Server 之间的通信协议也可以是任意的协议(如 RTMP)，总之只要把视频数据传输到服务器上即可。这个视频在 Server 服务器上被转换成 HLS 格式的视频(既 TS 和 m3u8 文件)文件。细拆分来看，Server 里面的 Media encoder 是一个转码模块，负责将视频源中的视频数据转码到目标编码格式(H264)的视频数据，视频源的编码格式可以是任何的视频编码格式。转码成 H264 视频数据之后，在 Stream segmenter 模块将视频切片，切片的结果就是 Index file(m3u8)和 TS(.ts)文件了。图 8-8 中的 Distribution 只是一个普通的 HTTP 文件服务器，客户端只需要访问一级 Index 文件的路径就会自动播放 HLS 视频流了。

3. HLS 的 Index 文件

所谓 Index 文件，就是之前说的 m3u8 文本文件。

如图 8-9 所示，客户端播放 HLS 视频流的逻辑其实非常简单，先下载一级 Index file，它里面记录了二级索引文件(Alternate-A、Alternate-B、Alternate-C)的地址，然后客户端再去下载二级索引文件，二级索引文件中又记录了 TS(.ts)文件的下载地址，这样客户端就可以按顺序下载 TS 视频文件并连续播放。

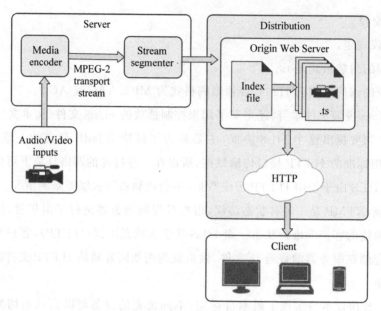

图 8-8 HLS 流程

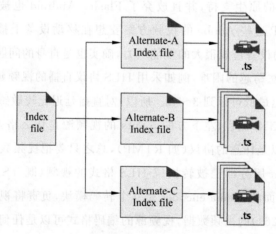

图 8-9 Index 文件

一级 Index 文件示例如下。

```
#EXTM3U
#EXT-X-STREAM-INF:PROGRAM-ID=1,BANDWIDTH=1064000
1000kbps.m3u8
#EXT-X-STREAM-INF:PROGRAM-ID=1,BANDWIDTH=564000
500kbps.m3u8
#EXT-X-STREAM-INF:PROGRAM-ID=1,BANDWIDTH=282000
250kbps.m3u8
#EXT-X-STREAM-INF:PROGRAM-ID=1,BANDWIDTH=2128000
```

2000kbps.m3u8

　　BANDWIDTH 指定视频流的比特率；PROGRAM-ID 没用，无须关注；每一个♯EXT-X-STREAM-INF 的下一行是二级 Index 文件的路径，可以用相对路径，也可以用绝对路径。示例中用的是相对路径。这个文件中记录了不同比特率视频流的二级 Index 文件路径，客户端可以自己判断自己的现行网络带宽，来决定播放哪一个视频流；也可以在网络带宽变化的时候，平滑切换到和带宽匹配的视频流。

　　二级 Index 内容如下。

```
#EXTM3U
#EXT-X-PLAYLIST-TYPE:VOD
#EXT-X-TARGETDURATION:10
#EXTINF:10,
2000kbps-00001.ts
#EXTINF:10,
2000kbps-00002.ts
#EXTINF:10,
2000kbps-00003.ts
#EXTINF:10,
2000kbps-00004.ts
#EXTINF:10,
      ⋮
#EXTINF:10,
2000kbps-00096.ts
#EXTINF:10,
2000kbps-00097.ts
#EXTINF:10,
2000kbps-00098.ts
#EXTINF:10,
2000kbps-00099.ts
#EXTINF:10,
2000kbps-00100.ts
#ZEN-TOTAL-DURATION:999.66667
#ZEN-AVERAGE-BANDWIDTH:2190954
#ZEN-MAXIMUM-BANDWIDTH:3536205
#EXT-X-ENDLIST
```

　　二级文件实际负责给出 TS 文件的下载地址，这里同样使用了相对路径。♯EXTINF表示每个 TS 切片视频文件的时长。♯EXT-X-TARGETDURATION 指定当前视频流中的切片文件的最大时长，也就是说这些 TS 切片的时长不能大于♯EXT-X-TARGETDURATION 的值。♯EXT-X-PLAYLIST-TYPE:VOD 指出当前的视频流并不是一个直播流，而是点播流，也就是该视频的全部的 TS 文件已经被生成好了。♯EXT-X-

ENDLIST 这个表示视频结束,有这个标志,同时也说明当前的流是一个非直播流。

4. 播放模式

以下是常用的两种播放模式。

(1) 点播 VOD 模式:这种播放模式的特点就是当前时间点可以获取到所有 Index 文件和 TS 文件,二级 Index 文件中记录了所有 TS 文件的地址。这种模式允许客户端访问全部内容。上面的例子中就是一个点播模式下的 m3u8 的结构。

(2) Live 模式:这种播放模式就是实时生成 m3u8 和 TS 文件。它的索引文件是一直处于动态变化的,播放的时候需要不断下载二级 Index 文件,以获得最新生成的 TS 件播放视频。如果一个二级 Index 文件的末尾没有 ♯EXT-X-ENDLIST 标志,说明它是一个 Live 视频流。

客户端在播放 VOD 模式的视频时,只需要下载一次一级 Index 文件和二级 Index 文件就可以得到所有 TS 文件的下载地址,除非客户端进行比特率切换,否则无须再下载任何 Index 文件,只须顺序下载 TS 文件并播放就可以了。但是,Live 模式下略有不同,因为播放的同时,新的 TS 文件也在被生成中,所以客户端实际上是下载一次二级 Index 文件,然后下载 TS 文件,再下载二级 Index 文件(这时这个二级 Index 文件已被重写,记录了新生成的 TS 文件的下载地址),再下载新 TS 文件,如此反复进行播放。

8.6 流媒体技术

8.6.1 流媒体的主流技术方式

主流的流媒体技术有 3 种,分别是 RealNetworks 公司的 RealMedia、Microsoft 公司的 Windows Media Technology 和 Apple 公司的 QuickTime。这 3 家公司的技术都有自己的专利算法、专利文件格式甚至专利传输控制协议。

1. Apple 公司的 QuickTime

QuickTime 是一个非常老牌的媒体技术集成,是数字媒体领域事实上的工业标准。之所以说"集成"这个词,是因为 QuickTime 实际上是一个开放式的架构,包含了各种各样的流式或非流式的媒体技术。QuickTime 是最早的视频工业标准,1999 年发布的 QuickTime 4.0 版本开始支持真正的流式播放。由于 QuickTime 本身存在着平台(Mac OS)的便利,因此也拥有不少用户。QuickTime 在视频压缩上采用的是 SorensonVideo 技术,音频部分则采用 QDesignMusic 技术。QuickTime 最大的特点是其本身所具有的包容性,使得它是一个完整的多媒体平台,因此基于 QuickTime 可以使用多种媒体技术来共同制作媒体内容。同时,它在交互性方面是三者之中最好的。例如,在一个 QuickTime 文件中可同时包含

midi、gif、flash 和 smil 等格式的文件,配合 QuickTime 的 WiredSprites 互动格式,可设计出各种互动界面和动画。QuickTime 流媒体技术实现基础是需要 QuickTime 播放器、QuickTime 编辑制作、QuickTimeStreaming 服务器 3 个软件的支持。

2. RealNetworks 公司的 RealMedia

RealMedia 发展的时间比较长,因此具有很多先进的设计。例如,Scalable Video Technology 可伸缩视频技术可以根据用户计算机的速度和连接质量而自动地调整媒体的播放质量。Two-passEncoding 两次编码技术可以通过对媒体内容进行预扫描,再根据扫描的结果来编码从而提高编码质量。特别是 SureStream(自适应流)技术,可以通过一个编码流提供自动适合不同带宽用户的流播放。RealMedia 音频部分采用的是 RealAudio,该编码在低带宽环境下的传输性能非常突出。RealMedia 通过基于 smil 并结合自己的 RealPix 和 RealText 技术来达到一定的交互能力和媒体控制能力。Real 流媒体技术需要 RealPlayer 播放器、RealProducer 编辑制作和 RealServer 服务器 3 个软件的支持。

3. Microsoft 公司的 Windows Media

Windows Media 是三家之中最后进入市场的,但凭借其操作系统的便利很快取得了较大的市场份额。Windows Media Video 采用的是 MPEG-4 视频压缩技术,音频方面采用的是 Windows Media Audio 技术。Windows Media 的关键核心是 MMS 协议和 ASF 数据格式,MMS 用于网络传输控制,ASF 则用于媒体内容和编码方案的打包。目前,Windows Media 在交互能力方面是三者之中最弱的,它的 ASF 格式交互能力不强,除了通过 Internet Explorer 支持 smil 之外就没有什么其他的交互能力了。Windows Media 流媒体技术的实现需要 Windows Media 播放器、Windows Media 工具和 Windows Media 服务器 3 个软件的支持。总的来说,如果使用 Windows 服务器平台,虽然在现阶段其功能并不是最好,用户也不是最多,但是 Windows Media 的费用最少。

8.6.2　流媒体技术存在的问题

流媒体技术不是一种单一的技术,它是网络技术及音频和视频技术的有机结合。在网络上实现流媒体技术,需要解决流媒体的制作、发布、传输及播放等方面的问题,而这些问题则需要利用音频和视频技术及网络技术来解决。

1. 流媒体制作技术方面需解决的问题

在网上进行流媒体传输,所传输的文件必须制作成适合流媒体传输的流媒体格式文件。因为通常格式存储的多媒体文件容量巨大,若要在现有的窄带网络上传输则需要花费很长的时间,若遇网络繁忙,还将造成传输中断。另外,通常格式的流媒体也不能按流媒体传输协议进行传输。因此,对需要进行流媒体格式传输的文件应进行预处理,将文件压缩生成流媒体格式文件。这里应注意两点：一是选用适当的压缩算法进行压缩，这样生成的文件容量较小；二是需要向文件中添加流式信息。

2. 流媒体传输方面需解决的问题

流媒体的传输需要合适的传输协议，在 Internet 上的文件传输大部分都是建立在 TCP 的基础上的，也有一些是以 FTP 的方式进行传输，但采用这些传输协议都不能实现实时方式的传输。随着流媒体技术的深入研究，出现了实时传输协议。

为何要在 UDP 而不在 TCP 上进行实时数据的传输呢？这是因为 UDP 和 TCP 在实现数据传输时的可靠性方面有很大的区别。TCP 中包含了专门的数据传送校验机制，当数据接收方收到数据后，将自动向发送方发出确认信息，发送方在接收到确认信息后才继续传送数据，否则将一直处于等待状态。UDP 则不同，UDP 本身并不能做任何校验。由此可以看出，TCP 注重传输质量，而 UDP 则注重传输速度。因此，对于对传输质量要求不是很高，而对传输速度有很高的要求的音频、视频流媒体文件来说，采用 UDP 更合适。

3. 流媒体传输过程中需要缓存的支持

因为 Interent 是以包为单位进行异步传输的，因此多媒体数据在传输中要被分解成许多报文，由于网络传输的不稳定性，每个报文选择的路由不同，所以到达客户端的时间次序可能发生改变，甚至产生丢包的现象。为此，必须采用缓存技术来纠正由于数据到达次序发生改变而产生的混乱状况，利用缓存对到达的数据包进行正确排序，从而使音频、视频数据能连续正确地播放。缓存中存储的是某一段时间内的数据，数据在缓存中存放的时间是暂时的，缓存中的数据也是动态的、不断更新的。流媒体在播放时不断读取缓存中的数据进行播放，播放完后该数据会被立即清除，新的数据将存入缓存中。因此，在播放流媒体文件时，并不需要占用太大的缓存空间。

4. 流媒体播放方面需解决的问题

流媒体播放需要浏览器的支持。通常情况下，浏览器是采用 MIME 来识别各种不同的简单文件格式，所有的 Web 浏览器都是基于 HTTP，而 HTTP 都内建有 MIME。所以 Web 浏览器能够通过 HTTP 中内建的 MIME 来标记 Web 上众多的多媒体文件格式，包括各种流媒体格式。

8.7 流媒体系统组成

一个最基本的流媒体系统必须包括编码器（Encoder）、流媒体服务器（Server）和客户端播放器（Player）3 个模块。各模块之间通过特定的协议互相通信，并按照特定格式互相交换文件数据。其中，编码器用于将原始的音频和视频转换成合适的流格式文件，服务器向客户端发送编码后的媒体流,客户端播放器则负责解码和播放接收到的媒体数据。

8.7.1　编码器

编码器的功能是对输入的原始音频和视频信号进行压缩编码。不同的流媒体业务,对编码器有不同的性能要求。目前,常用的视频编码方案有 MPEG-4、H.264 以及 Microsoft公司的 Windows Media Video 采用的 AC-1;音频编码方案有 MP3、MPEG-2、AAC、AMR和 AMR-WB 等。多媒体编码器所生成的码流只包含了解码该码流所必需的信息,不包含媒体间的同步、随机访问等系统信息,因此编码后的多媒体数据还要被组织成为流媒体文件格式用于传输或存储。

8.7.2　流媒体服务器

流媒体服务器由流媒体软件系统的服务器和一台硬件服务器组成,负责管理、存储、分发编码器传上来的流媒体节目。

流媒体服务器是流媒体应用的核心系统,是运营商向用户提供视频服务的关键平台。流媒体服务器的主要功能是对流媒体内容进行采集、缓存、调度和传输播放。流媒体应用系统的主要性能体现,都取决于媒体服务器的性能和服务质量。因此,流媒体服务器是流媒体应用系统的基础,也是最主要的组成部分。

流媒体服务器的主要功能是以流式协议(RTP/RTSP、MMS、RTMP 等)将视频文件传输到客户端,供用户在线观看;也可从视频采集、压缩软件接收实时视频流,再以流式协议直播给客户端。

典型的流媒体服务器有 Microsoft 公司的 Windows Media Service(WMS),它采用MMS 协议接收、传输视频,采用 Windows Media Player(WMP)作为前端播放器;RealNetworks 公司的 Helix Server,采用 RTP/RTSP 接收、传输视频,采用 Real Player 作为播放前端;Adobe 公司的 Flash Media Server 采用 RTMP(RTMPT/RTMPE/RTMPS)接收、传输视频,采用 Flash Player 作为播放前端。值得注意的是,随着 Adobe 公司的 Flash播放器的普及(根据 Adobe 官方数据,Flash 播放器装机量已高达 99% 以上),越来越多的网络视频开始采用 Flash 播放器作为播放前端,因此越来越多的应用开始采用兼容 Flash 播放器的流媒体服务器,开始淘汰其他类型的流媒体服务器。支持 Flash 播放器的流媒体服务器,除了 Adobe Flash Media Server,还有 Sewise 的流媒体服务器软件和 Ultrant FlashMedia Server 流媒体服务器软件,以及基于 Java 语言的开源软件 Red5。

8.7.3　客户端播放器

音频和视频 RTP 数据包经网络传输到客户端后,先进入一个缓冲队列等待,这个缓冲队列中的所有数据包按照包头的序列号排序,如果有迟到的包,则按序列号重新插入正确的位置上,这样就避免了乱序的问题。

客户端每次从队列头部读取一帧数据,从包头的时间标记中解析出该帧的播放时间,然后进行音频和视频同步处理。同步后的数据将送入解码器进行解码,解码后的数据被送入一个循环读取的缓冲中等待。一旦该帧的播放时间到达,就将解码数据从缓冲区中取出,送入播放模块进行显示或播放。

8.8   流媒体服务的管理

8.8.1   流媒体服务器的安装

根据操作系统和流媒体服务器软件的不同,流媒体服务器的安装包括以下内容。

(1) Windows 环境下,Windows Server 2012 系统 IIS Media Services 的安装。

(2) Linux 环境下,CentOS 7 平台 Nginx 的安装。

(3) Linux 环境下,CentOS 7 平台 Nginx-rtmp-module 的安装。

具体安装步骤详见与本书配套的《网络应用运维实验》。

8.8.2   流媒体服务器的管理

流媒体服务器的管理包括以下内容。

(1) 配置 Live Smooth Streaming,创建直播发布点。

(2) 配置 Expression Encoder Pro 视频采集计算机。

(3) 在 Web 服务器上安装实时直播 Web 页示例。

(4) VOD 点播配置。

(5) 配置 Nginx.conf,添加 RTMP/hls 点播配置。

(6) 配置 Nginx.conf,添加 RTMP/hls 直播配置。

(7) 安装和配置 OBS,推送直播流。

(8) 安装 FFMPEG,通过命令推送直播流。

(9) 编写 Web 页面,实现直播和点播的 Web 访问。

8.9   流媒体服务的使用

(1) 通过 Web 页面,访问 IIS Media Services 的点播服务。

(2) 通过 Web 页面,访问 IIS Media Services 的直播服务。

（3）通过 Web 页面，访问 Nginx 的点播服务。

（4）通过 Web 页面，访问 Nginx 的直播服务。

8.10　流媒体实验

流媒体实验包括以下内容。

（1）Windows 环境下，Windows Server 2012 系统 IIS Media Services 的安装。

（2）Linux 环境下，CentOS 7 平台 Nginx 的安装。（选做）

（3）Linux 环境下，CentOS 7 平台 Nginx-rtmp-module 的安装。（选做）

（4）配置 Live Smooth Streaming，创建直播发布点。

（5）配置 Expression Encoder Pro 视频采集计算机。

（6）在 Web 服务器上安装实时直播 Web 页示例。

（7）VOD 点播配置。

（8）配置 Nginx.conf，添加 RTMP/hls 点播配置。（选做）

（9）配置 Nginx.conf，添加 RTMP/hls 直播配置。（选做）

（10）安装和配置 OBS，推送直播流。

（11）安装 FFMPEG，通过命令推送直播流。（选做）

（12）编写 Web 页面，实现直播和点播的 Web 访问。

① 通过 Web 页面，访问 IIS Media Services 的点播服务。

② 通过 Web 页面，访问 IIS Media Services 的直播服务。

③ 通过 Web 页面，访问 Nginx 的点播服务。（选做）

④ 通过 Web 页面，访问 Nginx 的直播服务。（选做）

具体实验内容详见与本书配套的《网络应用运维实验》。

参考资料

图书资源支持

感谢您一直以来对清华版图书的支持和爱护。为了配合本书的使用，本书提供配套的资源，有需求的读者请扫描下方的"书圈"微信公众号二维码，在图书专区下载，也可以拨打电话或发送电子邮件咨询。

如果您在使用本书的过程中遇到了什么问题，或者有相关图书出版计划，也请您发邮件告诉我们，以便我们更好地为您服务。

我们的联系方式：

地　　址：北京市海淀区双清路学研大厦 A 座 714

邮　　编：100084

电　　话：010-83470236　010-83470237

客服邮箱：2301891038@qq.com

QQ：2301891038（请写明您的单位和姓名）

资源下载：关注公众号"书圈"下载配套资源。

资源下载、样书申请

书 圈

获取最新书目

观看课程直播